科學技術叢書

固體廢棄物處理

張乃斌　著

國家圖書館出版品預行編目資料

固體廢棄物處理／張乃斌著.——修訂二版二刷.——臺北市；三民，民90

　　面；　公分

含索引

ISBN 957-14-2508-7　（平裝）

1.廢物技術

400.16　　　　　　　　　　　　　　　85011430

網路書店位址　http://www.sanmin.com.tw

© 　固體廢棄物處理

著作人　張乃斌

發行人　劉振強

著作財產權人　三民書局股份有限公司
　　　　　　　臺北市復興北路三八六號

發行所　三民書局股份有限公司
　　　　地址／臺北市復興北路三八六號
　　　　電話／二五〇〇六六〇〇
　　　　郵撥／〇〇〇九九九八——五號

印刷所　三民書局股份有限公司

門市部　復北店／臺北市復興北路三八六號
　　　　重南店／臺北市重慶南路一段六十一號

初版一刷　中華民國八十六年一月
修訂二版一刷　中華民國八十七年八月
修訂二版二刷　中華民國九十年三月

編　號　S 44436

基本定價　陸　元

行政院新聞局登記證局版臺業字第〇二〇〇號

自　序

　　固體廢棄物處理是近年來發展極為迅速之一門學科，特別是在民國 78 年之後，由於社會及經濟之快速發展，使得資源回收、焚化處理及掩埋處置均成為社會各界矚目之事項，從資源回收筒（外星寶寶）之設立，寶特瓶之押瓶費之提高，到各類回收基金會之成立，一時之間，垃圾減量與資源回收受到普遍之重視；在同一時期，大型垃圾焚化廠之興建計畫亦積極之推動，各地垃圾掩埋場之快速飽和，鄉鎮垃圾之越界傾倒所引發之垃圾大戰，亦不時成為報紙之頭條新聞，也使得固體廢棄物處理變成政府環保施政之重點工作。

　　作者在撰寫本書時，深感環保工作需從教育體系中紮根，故依據教育部頒訂之專科學校課程教材之規劃架構來編纂，期能以深入淺出之基本原則，配合圖表及應用實例，協助大專學生了解我國目前有關廢棄物處理之現況、制度、方法及未來之方向。本書第一章至第七章之教材，主要以介紹都市垃圾處理為主，第八章則期望能將有害事業廢棄物處理之範疇納入，給讀者有更完整之理解。本書之出版，非常感謝三民書局之邀稿，因撰稿時間匆促，如有疏漏，尚祈各界先進不吝指正。

張乃斌
謹識於成大環工所

固體廢棄物處理

目　次

自　序

第一章　概　論

第四章　垃圾前處理與資源回收

第五章　焚　化

第六章　掩　埋

第七章　堆　肥

第八章　有害事業廢棄物之清除及處理

索　引

參考文獻

圖目次

表目次

第一章 概論

1–1　廢棄物之定義

依照我國廢棄物清理法中第二條之定義，廢棄物共分為下列二種。

1.一般廢棄物

垃圾、糞尿、動物屍體或其他非事業機構所產生足以污染環境衛生之固體或液體廢棄物。

2.事業廢棄物

(1)有害事業廢棄物：由事業機構所產生具有毒性、危險性，其濃度或數量足以影響人體健康或污染環境之廢棄物。

(2)一般事業廢棄物：由事業機構所產生有害事業廢棄物以外之廢棄物。

除了上述法令中之定義外，在文獻上亦有更廣義之定義，廢棄物可以泛指人類活動中所有丟棄之物質，甚至包括廢液及污泥在內，在實際日常生活中，舉凡家庭垃圾、商業垃圾、廢棄汽機車、廢輪胎、營建廢棄土、醫療廢棄物、污水廠及自來水廠之污泥以及各種產業所產生之廢酸、廢鹼、廢油、工業污泥等廢棄物均屬之。根據廢棄物清理法中第十三條之規定，產生事業廢棄物之事業機構，其廢棄物應自行或委託公、民營廢棄物清除、處理機構負責清除處理之。無害之一般事業廢棄物可以和一般廢棄物一起收集、處理與處置，但目前國內均由事業單位自行負責。而有害之事業廢棄物宜送往專業之處理中心妥善處理。

本書基本上以探討都市垃圾為主，將於第二章中討論垃圾質與量之推估，第三章討論垃圾之貯存、收集及清運，第四章討論垃圾減量與資源回收，第五章為垃圾焚化處理，第六章為垃圾掩埋處置，第七章為垃圾堆肥處理，最後一章則探討有害事業廢棄物之貯存、收集、

運輸、處理及處置之問題。

1–2　廢棄物處理之目標

　　若從宏觀面來分析，在整個生產及消費過程中，廢棄物處理之目標可擴及到產品生命週期中所有可能產生廢棄物或減少其產生之環節；因此從廣義之角度來看，廢棄物處理之目標體系可由圖 1–1 中顯示出來。在此體系中，可以看出無論從產品之規劃、設計、製造及消費均須使廢棄物能達到減量化、資源化、安定化及無害化之四大目標。

圖1–1　**廢棄物處理之目標體系**

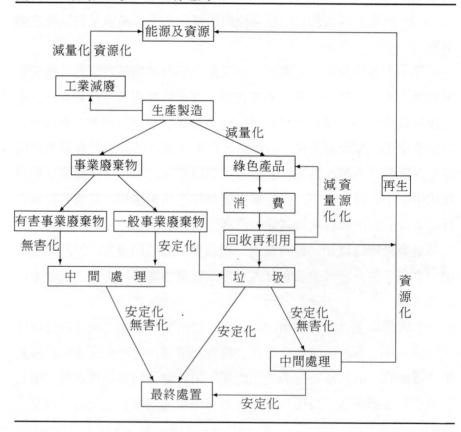

現特將垃圾處理過程之「減量化」、「資源化」、「安定化」及「無害化」四大目標分別說明如下：

1.減量化

垃圾在排出前可以透過零售店回收系統、綠色產品之設計及分類收集之方式，達成垃圾之減量化，以減輕後續貯存、收集、清運、處理及處置系統之負擔。產業界所產生之一般事業廢棄物，亦可透過工業減廢之方式，增加資源回收再利用，減少廢棄物之產量。

2.資源化

在垃圾中有許多可再利用之物質，可以將其以人工或機械分選之方式，予以回收；分類後之物質，有機物質較多之部分可以送去堆肥，可燃物較多之部分亦可送去焚化或熱解，經過堆肥、焚化或熱解中間處理後，可分別進一步回收堆肥化產品、衍生燃料及熱能。

3.安定化

垃圾中之有機物容易腐敗，可以用各種物理及化學之方法使其能分解穩定之。例如以堆肥、厭氣處理或掩埋之方式均可達到此一目標。

4.無害化

垃圾中常含有少量之有害性廢棄物，例如日光燈管、水銀電池、殺蟲劑等，必須藉著各種方法予以回收或分離。焚化處理後之灰渣亦可以藉著固化之方法予以無害化。

1-3 垃圾處理之方法

一般而言，垃圾從產源排出後，妥善之貯存是維持環境衛生首要之工作，排出之方式一般分成分類排出及混合排出，而排出之型態，可以依垃圾袋、垃圾筒等型態，配合收集方法實施之，收集方法包括公共之收集點、收集子車甚至逐戶收集等方法，目前臺灣地區多採公

共收集點之方式，在大都會區多採夜間收集，以提高收運效率，執行收運之單位大都為各級環保單位及鄉鎮公所清潔隊。目前在若干都會區之行政區亦採垃圾不落地之收集方式。收集之車輛亦可採用壓縮式垃圾車以提高裝載容量。收集之垃圾將運往各處理及處置設施，若運距太長，可以先運往轉運站，再實施轉運。如圖 1–2 所示，中間處理之方式很多，可大略分為熱解、焚化及生物處理三大類，但目前各國多採焚化處理為主。中間處理後之殘餘物多送往掩埋場進行最終處置。

圖 1–2　垃圾中間處理之方法

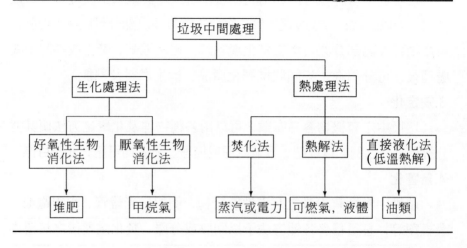

1–4　我國垃圾管理之體制

1–4–1　行政體系

目前我國廢棄物管理體制在中央政府由行政院環保署廢管處負責綜合管理一般廢棄物、事業廢棄物，資源回收及土壤污染等項目；工

程處則負責大型焚化廠之興建。臺灣省政府則由環境保護處，臺北市及高雄市則由環境保護局負責各種廢棄物管理，省環境保護處下轄各省轄市和縣環保局，省轄市環保局有清潔隊之編組，但縣環保局則不設清潔隊，由各鄉鎮公所直接管理各鄉鎮之清潔隊，但在行政上仍然隸屬各縣政府。我國廢棄物管理之環保行政體系如圖1–3。

圖1–3　我國廢棄物管理之環保行政體系

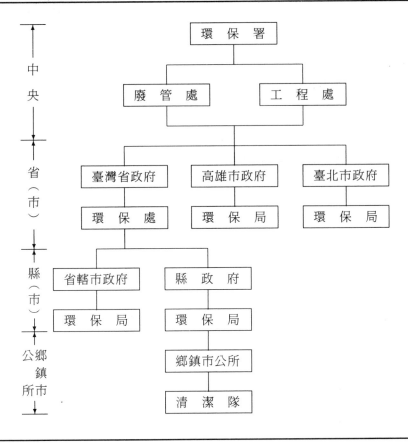

1-4-2 垃圾管理之收費制度

在廢棄物清理法第十一條，特別針對垃圾清潔費之徵收，作了以下之規定：「執行機關為執行一般廢棄物之清除處理，應向指定清除地區內居民徵收費用」。清潔費之徵收，各國均有不同之方式，有的在自來水費或污水費中合併開徵，有的依住宅面積或人數開徵，亦有依據電費開徵，我國係採用隨自來水費徵收之方式，依據民國 80 年 7 月 31 日公布之「一般廢棄物處理費徵收辦法」，其中明訂了廢棄物清除處理費在自來水供水區，應就自來水費百分比計算徵收之；但在自來水供水區未接管使用自來水地區及非自來水供水區居民，應就戶政機關之戶籍資料，按戶定額計算徵收，徵收費率如下：

1.自來水供水區有接管地區

　　(1)臺灣省：20%

　　(2)臺北市：24%

　　(3)高雄市：20%

　　(4)金門縣：23%

　　(5)連江縣：19%

2.自來水供水區未接管地區及非自來水供水區

　　(1)臺灣省：每戶每月 40 元

　　(2)臺北市：每戶每月 75 元

　　(3)高雄市：每戶每月 40 元

　　(4)金門縣：每戶每月 50 元

　　(5)連江縣：每戶每月 75 元

但是以上之費率未能反映全部垃圾清運之成本，因此環保署已著手逐年調整費率，以達未來 100% 由使用者付費之目標。

1-5　我國垃圾處理之現況

　　民國 73 年 9 月，行政院經建會所提出了「都市垃圾處理方案」，垃圾處理工作從此變成國內環保施政之重要目標，臺灣過去垃圾處理多以掩埋為主，但根據環保署之統計，從民國 73 年至 83 年間，垃圾之產量成長達一倍以上，使得各地小型掩埋場快速飽和，由於區域化之垃圾處理體系尚未健全，各鄉鎮垃圾時有自行越界傾倒之現象，因此各地時有「垃圾大戰」之事件發生，根據環保署之統計，自民國 70 年至 83 年間，共發生了五十次之多。因此環保署提出了多元化之垃圾處理之政策，除了大力投資都市垃圾焚化廠之興建，並積極推動資源回收及區域性衛生掩埋之工作。

1-5-1　焚化廠之興建

　　自國內第一座大型垃圾焚化廠——內湖焚化廠完工後，環保署即成立了「資源回收廠興建工程處」（簡稱工程處），陸續在各都會區規劃及設計了二十餘座大型垃圾焚化廠，其發展概況如表 1-1。然而在規劃、設計及建造之過程中，亦遭遇到了幾項困難：

表 1-1　臺灣都市垃圾焚化爐發展概況 *

廠　址	容量 (T/D)	開始運 轉時間	設計顧問公司	建造工程公司	操作工 程公司	政府主 辦單位
臺北市 內湖廠	900	1992	中興顧問 德國 G+R	日本 Takuma	臺北市 政府	臺北市 環保局
臺北市 木柵廠	1,500	1994	中興顧問	日本 Takuma	臺北市 政府	臺北市 環保局

臺北市北投廠	1,800	1996	中興顧問	日本 Hitachi Zosen	未定	臺北市環保局
臺北縣樹林廠	1,350	1994	德國 Fichtner	日本 Mitsubishi	中華工程	環保署
臺北縣新店廠	900	1994	德國 Fichtner	日本 Mitsubishi	中鼎工程	環保署
臺中市臺中廠	900	1995	中興顧問	日本 NKK	臺中市政府	臺灣省環保處
嘉義市嘉義廠	300	1996	中興顧問	中興電工丹麥 Volumd	未定	臺灣省環保處
臺南市城西里	900	1996	中華顧問德國 Fichtner	中興電工丹麥 Volumd	未定	臺灣省環保處
彰化縣和美鎮	30	1993	中華顧問	開立工程	彰化縣政府	臺灣省環保處
高雄市中　區	900	1996	中華顧問	東雲	未定	高雄市環保局
高雄市北　區	900	1997	未定	未定	未定	高雄市環保局
高雄市南　區	1,800	1997	中興顧問	中鼎	未定	高雄市環保局
臺北縣八里鄉	1,350	1997	慧能顧問德國 Fichtner	中興電工丹麥 Volumd	未定	環保署
新竹市新竹廠	900	1997	慧能顧問德國 Fichtner	中興電工丹麥 Volumd	未定	環保署
高雄縣仁武廠	1,350	1997	中興顧問美國 HDR	未定	未定	環保署
基隆市基隆廠	900	1997	中鼎顧問	未定	未定	環保署
彰化縣溪州鄉	900	1997	中興顧問美國 HDR	未定	未定	環保署
屏東縣崁頂鄉	900	1997	中鼎顧問	未定	未定	環保署
臺中縣后里鄉	900	1997	未定	未定	未定	環保署
宜蘭縣	600	1997	未定	未定	未定	環保署
合　計容　量	19,980 T/D					

* 資料截止日期, 民國 85 年 8 月

1.選址不易

　　都市垃圾焚化廠之廠址本來應由客觀之環境影響評估及可行性分析來決定,然而選址過程卻往往變成政治和社會問題,以致許多計畫因廠址遲遲無法定案而延誤了建廠時間。即使廠址能順利決定,政府單位往往須付出高額之用地徵收費用、回饋金及垃圾車專用道之籌建,增加相當多之建廠成本。此外,有些廠址狀況不良,增加了土木工程之費用。例如新竹廠興建於南寮海灘之原垃圾場上方,新店廠則位於山坡地,須削山建廠等。

2.技術引進遲緩

　　我國在初期之建廠計畫中,大多由德國之工程顧問公司協助規劃,日商負責建造,而專利爐床多為歐洲或日本產品,大型建廠計畫之整合性系統工程技術無法在國內生根,此種情形使得環保署在後續建廠計畫中,規定國外廠商必須與國內相關企業合作,始能參加投標,才逐漸推動了技術本土化之目標。然而國內企業在轉型困難及人才缺乏之情況下,技術引進之成效仍有待觀察。

3.營運之困境

　　在早期內湖廠及木柵廠建廠時,公有公營制度是主要之營運架構,在樹林、新店廠完工時,營運之架構改為公有民營方式,由於焚化廠之營運利潤相當可觀,國內外許多大型企業競相爭取,造成樹林與新店二廠營運標延宕兩年而無法完成開標之困境。此時政府與民間逐漸產生採用民有民營方式可能會更有彈性之共識,然而整體之民有民營管理制度必須妥善規劃,方能奏功。即使採用公有民營方式,若建造之工程公司與操作之工程公司相同,則營運管理之權責將更易釐清,可以有助於長期性垃圾處理功能之發揮。

1-5-2 資源回收之推動

在資源垃圾之分類及回收方面，環保署自民國 78 年起，每年均補助各縣市推動資源回收之工作，民國 81 年度時，環保署曾有詳細之成果統計如表 1-2 所示。目前僅臺北市所辦理之成效較佳，然而臺北市自民國 66 年開始，首次實施垃圾分類後，成果一直十分有限，而過去之垃圾分類目的，僅為了配合焚化廠之興建，以延長操作壽命為主，例如在信義區、內湖區、松山區及南港區所實施之全面性垃圾分類工作，係將垃圾分成可燃性垃圾、不可燃性垃圾及巨大垃圾三類，以配合內湖垃圾焚化廠之營運操作。藍色之塑膠袋（桶）裝不可燃垃圾（星期一收集），紅色塑膠袋（桶）裝可燃垃圾（星期三收集），巨大垃圾則每月 5、15、25 日以專線電話洽運。對於混合之資源垃圾，收運後則運到南港，由機械分類設備加以分類回收。在民國 82 年底前已擴展到全市 440 個里之 192 個里，到 84 年初，則已增加到 283 個里。目前臺北市資源垃圾回收之管道如下：

1.原有回收管道

(1)回收商：回收廢紙類、廢寶特瓶、廢鐵罐、廢鋁罐、廢塑膠。

(2)外星寶寶：回收廢寶特瓶、廢鐵罐、廢鋁罐、廢塑膠、廢玻璃容器。但目前已停止使用。

(3)特約回收點：回收舊衣物、廢寶特瓶、廢電池及日光燈管。

2.推動回收管道

(1)一般住宅（含其他）發給資源回收袋（透明、印有宣導標語及里別名稱，可重複使用），廢紙類、舊衣物分別以繩子捆綁，於資源回收日當天送至回收車放置，廢寶特瓶、廢鐵罐、廢鋁罐、廢塑膠、廢玻璃容器、廢電池不分類混裝於回收袋中，在資源回收當天送至回收車內。

⑵具有管理單位而未進行資源垃圾回收之家戶（社區、大廈）、學校、機關、超商及市場可自由與回收商訂定契約來價購資源垃圾，若不願意訂定回收契約者，比照一般住戶回收方式辦理。

⑶未與回收商定回收契約之學校部分，不發給回收袋，但於適當地點設置資源回收桶兩組，一組用於收集廢紙類，另一組收集其餘資源垃圾回收項目。

表1-2　民國81年度資源回收示範計畫執行成果

方法 地區	補助經費	實施地區	實施方法	回收容器	回收成果（公斤）	平均回收成本（元/公斤）
臺北市	1,000 萬	內湖區三十個里及機關學校	於資源日由環保局調派車輛沿街收集	住戶發回收袋及麻繩可重複使用	345,651	29
臺北縣	615 萬	淡水鎮	於資源日由市(鎮)公所派垃圾車至回收點收集	回收點設回收筒	25,911	237
宜蘭縣	500 萬	宜蘭市及蘇澳鎮	資源日由清潔隊至回收點回收或逐戶收集	住戶發回收袋	525,401	10
基隆市	500 萬	信義區、中山區	於回收日設回收站、宣導活動	回收點站設回收筒	48,000	104
新竹市	500 萬	東區廿一個里	1.於資源日由清潔隊至回收點回收 2.回收點與契約商訂約回收	住戶發不分類的資源袋。回收站設編織的回收袋	102,776	49
臺中市	600 萬	南屯區十六個里	1.由清潔隊於回收日至各回收點回收 2.回收點與契約商訂約回收	回收站設回收筒 回收袋	61,227	98
臺中縣	500 萬	豐原市和霧峰鄉	由資源回收小隊於回收日至回收站收集	住戶發回收袋回收站設回收筒	186,984	27

雲林縣	350 萬	虎尾鎮	每日由清潔隊逐戶收集，學校則直接由回收商回收，但鐵罐仍由清潔隊收集	住戶送回收筒、塑膠袋。鄰里中另設聚寶屋	112,356	31
嘉義縣	500 萬	大林、溪口、新港、竹崎、中埔	於資源回收日由清潔隊清運	回收站設鋁合鋼回收筒住戶送回收袋	35,795	140
臺南市	500 萬	安平區、中區	1.回收日（週日）清潔隊收集 2.回收商 3.特定回收點	回收筒	33,452	149
高雄市	800 萬	十個社區	1.於回收日由回收公司至回收點回收 2.宣導活動		5,185	1,542
合　計	6,365 萬				1,482,738	220

資料來源：行政院環保署

　　另一方面，環保署於民國 77 年 11 月修正廢棄物清理法後，規定凡是不易清除處理、含長期不易腐化成分及有害物質之廢棄物，業者必須負責回收處理。並於民國 78 年 6 月開始推動資源回收工作，已先後完成了多項立法，諸如：

(1)廢寶特瓶回收清除處理辦法

(2)廢輪胎回收清除處理辦法

(3)廢鐵罐回收清除處理辦法

(4)廢鋁罐回收清除處理辦法

(5)廢潤滑油回收清除處理辦法

(6)廢鉛蓄電池回收清除處理辦法

(7)含水銀廢電池回收清除處理辦法

(8)發泡塑膠廢容器回收清除處理辦法

(9)資源再生專業區污染防治工作執行要點

社會各界也相繼成立了各種全國性之資源垃圾回收組織，截至目前，國內已有十餘個資源回收組織成立。希望能配合政府，從行銷管道加強資源回收。民國83年，環保署又進一步訂定了「廢一般容器回收清除處理辦法」，以加強一般垃圾中之資源性廢棄物之回收工作。目前環保署更致力於訂定「資源回收與再利用法」，希望能夠建立資源回收之法源基礎，並擴大資源回收之範圍，將所有製造業均納入，同時並加強推動「全國資源回收日」，以達徹底之廢棄物減量及資源回收。

1-5-3　掩埋場之興建

國內早期都市垃圾均採掩埋方式處理，第一座標準衛生掩埋場為臺北市之福德坑衛生掩埋場，但在鄉鎮地區則多採曠野傾棄式或利用河川行水區傾倒。根據「臺灣省垃圾處理第三期計畫」，未來將設置區域性衛生掩埋場22處，一般性衛生掩埋場53處，原有44處位於河川行水區內鄉鎮市垃圾棄置場，進行全面性之改善，至民國84年底，已將近有1/2之垃圾進入新闢建之衛生掩埋場，不再進入行水區棄置，舊場封閉者計有宜蘭縣南澳鄉、臺北縣樹林鎮、鶯歌鎮、三峽鎮、八里鄉、彰化縣伸港鄉、南投縣信義鄉、嘉義縣水上鄉等。而臺北縣大漢溪及淡水河沿岸之垃圾（腐植土），則計畫遷移至合格之掩埋場。另外有一些焚化廠附近也興建了專用之灰渣掩埋場，以妥善處置焚化灰渣。

1-5-4　整合性之垃圾管理體系

都會區廢棄物之清理工作一直是國內環保之重要問題，而以往在

處理設施之規劃上，往往各自獨立，以致於各設施所規劃之服務區會有死角或重疊之現象，而資源回收對處理設施容量之衝擊，服務區位之最佳化分佈，及處理設施選址等問題均未通盤考慮，隨著人口及經濟之成長，垃圾產量也同時快速增加，整合性垃圾管理體系之成敗將成為都會區整體環境品質之重要因素。

因此環保署目前所推動之多元化之垃圾處理政策，即希望在一個較有系統的架構下，使未來垃圾問題能達到合理之解決。這個處理架構包括了垃圾減量、垃圾分類、資源回收、收集清運、焚化、陸地掩埋及海洋拋棄等。綜觀國內之大都會區廢棄物管理系統已經逐漸成型，再加上臺北高雄兩院轄市行政區可能在將來會擴大，其都市垃圾收運系統將更加複雜，以臺北都會區為例，未來五年內將陸續加入營運之焚化廠包括內湖、木柵、士林、樹林、新店、八里及基隆，而衛生掩埋場則有南港、三峽潭子、基隆天外天、八里、林口嘉寶等地，其涵蓋之人口數接近五百萬人。而高雄縣市如果合併考慮後，亦將有二百萬以上之人口，加上幅員遼闊，未來將有楠梓、大林蒲、覆鼎金及仁武四座焚化廠，其大規模廢棄物管理系統已經成型，因此在整體規劃上，面臨了幾項重要之規劃與管理上之問題：

(1)整體多元化之收集、清運、回收、處理及處置可否以系統分析之方法來進行整合性之規劃，以提高整體效率，系統中之不確定因素可否量化而併入分析模式中。

(2)收集、清運及焚化、掩埋工作可否交給民營代清除及代處理業，公有民營或民有民營之管理體系應如何建立，如何配合多元化之最佳化規劃模式進行收費評估。

(3)未來之收費模式應如何彈性訂定，以反映出垃圾管理系統中之公平性，處理設施之區位對環境及居民之負面影響該如何量化並納入收費計價標準中。

然而區域性垃圾管理體系之建立，不僅涉及成本／效益之因子，

亦須顧及行政體系之配合度；有鑑於以往電力、自來水、瓦斯、公共運輸等大眾服務體系之聯合經驗，整合性之垃圾處理體系應可納入未來廢棄物管理之政策中。

1-6 垃圾收運處理基本計畫

為了妥善收運處理服務區內之垃圾，各單位在垃圾管理體系建立之初須擬定垃圾處理基本計畫，計畫書之內容一般包含以下各項：

(1)計畫服務區域

(2)計畫目標年

(3)處理處置設施使用年限

(4)廢棄物質與量之調查及分析

(5)廠（場）址之篩選與替代方案

(6)系統規劃與處理流程評估

(7)財務計畫

(8)其他相關計畫

各地之垃圾排出方式、收運型態、組成特性、處理能力均不相同，但計畫書之基本架構則類似。圖1-4說明了垃圾處理計畫之基本流程。在此流程中，說明了下列各點：

1.計畫範圍

(1)計畫服務區：計畫服務區係考慮系統中各類處理及處置設施之容量，以區域性之規劃角度，替各處理設施分配較佳之服務區位。

(2)計畫目標年：計畫目標年應考量人口之成長、垃圾之產量、設施之規模、營運之型態等因素，原則上愈大的系統計畫目標年應愈遠，規劃期程應愈長。一般中長程計畫以十五到二十年為準，國外甚至有以三十年為規劃期程。

圖1-4 垃圾處理基本計畫流程

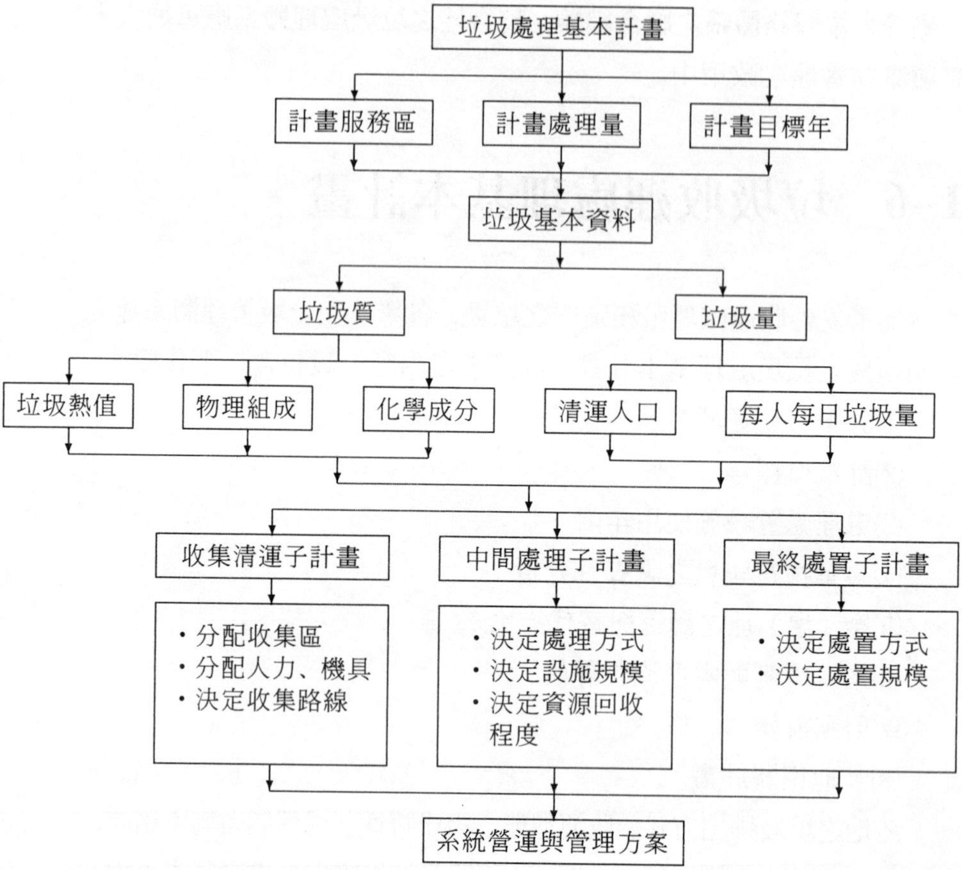

```
                     ┌──────────────────┐
                     │   垃圾處理基本計畫   │
                     └──────────────────┘
          ┌──────────────┬──────────────┐
    ┌──────────┐   ┌──────────┐   ┌──────────┐
    │ 計畫服務區 │   │ 計畫處理量 │   │ 計畫目標年 │
    └──────────┘   └──────────┘   └──────────┘
                     ┌──────────────┐
                     │   垃圾基本資料  │
                     └──────────────┘
          ┌──────────────────────────┐
     ┌──────────┐               ┌──────────┐
     │  垃圾質   │               │  垃圾量   │
     └──────────┘               └──────────┘
  ┌───────┬───────┬───────┐   ┌──────────┬──────────┐
┌──────┐┌──────┐┌──────┐  ┌──────────┐┌────────────┐
│垃圾熱值││物理組成││化學成分│  │ 清運人口 ││每人每日垃圾量│
└──────┘└──────┘└──────┘  └──────────┘└────────────┘
```

收集清運子計畫	中間處理子計畫	最終處置子計畫
·分配收集區 ·分配人力、機具 ·決定收集路線	·決定處理方式 ·決定設施規模 ·決定資源回收程度	·決定處置方式 ·決定處置規模

```
                     ┌──────────────────┐
                     │  系統營運與管理方案  │
                     └──────────────────┘
```

2.垃圾質與量

(1)垃圾質之性質：指計畫目標年垃圾之物理組成、化學成分、密度等特性，若有資源回收時，應詳細了解資源性垃圾之含量及種類，若已收集過去數年之分析紀錄，則可以根據生活型態之變遷進行推估，例如國民所得愈高時，垃圾之含水量可能有降低之趨勢，而速食品之增加可能造成塑膠類及金屬類含量之增加，各種產品包裝之增加會增加廢紙和塑膠袋之含量，但資源回收之推動又會降低上述項目之

含量。

　　(2)垃圾量之推估：推估垃圾產量可以根據計畫目標年人口成長及未來每人每日垃圾平均產量加以相乘後得到。有時亦可用較複雜之統計預測模型加以推估。

3.收集清運計畫

　　收集清運為垃圾處理基本計畫之核心工作，收集清運方式可由層級式或由集中式來規劃，層級式即以小分區方式將各收集區之工作層層分派下去，集中式則由管理決策單位統一規劃，收集路線之指派須配合人力及機具之因素、資源回收之狀況、及社區之環境條件加以配合。

4.中間處理計畫

　　中間處理之方式是相當多元化，以熱處理、物理處理、化學處理或生物處理為主，熱處理技術包含了焚化處理與熱解處理，生物處理則包括了厭氣處理及堆肥處理，此外尚有以機械分選設備為主之資源垃圾回收工廠，各種處理方式之選擇須由技術發展成熟度、成本高低及操作難易去綜合考量。

5.最終處置

　　垃圾最終處置之方式一般可分為陸地掩埋和海岸掩埋，陸地掩埋場一般多在山谷或平原地形。最終處置場所在垃圾收運處理系統中具有左右運輸成本之關鍵地位，其選址過程中，經濟因素應與環境因素並重。

1-7　結語

　　垃圾處理是一門相當複雜之科學問題，涉及技術之發展、經濟效益之評估、法律之訂定及管理制度之建立，我國目前之垃圾處理問題

同時也是一項非常急迫之社會問題，值得各相關領域的人力持續投入。綜合而言，欲解決我國目前垃圾處理之困境，必需以前瞻性之眼光、務實之態度、優良之學識基礎，及政府與民間共同之努力來解決此一問題。

習 題

1-1 試述廢棄物之定義？

1-2 試述我國現行之廢棄物管理行政體系？

1-3 試述垃圾處理之四大目標？

1-4 試述我國垃圾之收費制度？

1-5 試述垃圾處理基本計畫書之架構？

第二章　垃圾之質與量

2-1　前言

　　在規劃整體性之垃圾貯存、清除、處理及處置體系前，必須先了解垃圾之質與量之訊息，方可掌握系統動態，進行前瞻性之分析，本章將依序討論垃圾產量之推估、採樣方法、分析技巧以及資訊之綜合等項目。

2-2　垃圾之產量推估

2-2-1　都市垃圾之產源

　　都會區之垃圾具有多種型態，依其產源可以分為：

(1)家庭垃圾：含廚餘、廢容器等較多。

(2)商業垃圾：含紙類較多。

(3)街道垃圾：含樹枝、雜草等較多。

(4)營建廢棄土：含土砂、玻璃等較多。

(5)醫院垃圾：含塑膠類較多。

(6)污水處理廠污泥。

(7)工業垃圾：可分為有害或無害之部分。

　　一般而言，都市垃圾經常是指前三種之組合。但有些時候亦有將商業垃圾視為事業廢棄物，其餘營建廢棄土、醫院垃圾及工業垃圾另有管理體系負責收運處理，污水處理廠污泥數量佔總垃圾量比例甚小，一般不予特別考慮。

2-2-2 都市垃圾之產量

都市垃圾之產量推估，是規劃垃圾貯存、清除、處理及處置計畫之基礎工作，以往都會區垃圾之產量推估因子，主要以人口數目及每人每日平均產量為基本要素，然後訂定計畫目標年，預測計畫目標年之人口數及每人每日平均產量，若欲知服務區內之總垃圾產量只要將總人口數乘以每人每日平均產量即可。

然而進一步分析，可以了解在影響人口成長之因子很多，像區域計畫之實施、都市之更新、經濟之發展、衛星城市之興起以及房地產價格之變動等因素均可成為人口變遷之重要因素；而每人每日平均產量，則與平均收入、教育程度、生活習慣、垃圾減量、資源回收推動之程度及每戶平均人數等因素有關；一般而言，平均收入愈高的地區，消費能力愈高，垃圾之排出量也愈高；資源回收推動地愈成功，則垃圾之產量就愈低，若每戶平均人數愈多，則表達了大家庭之特徵，平均每人每日垃圾量可能較小家庭稍低。

在統計分析中，上述這些可能之影響因子均可以被放入迴歸分析數學模型中，當成影響垃圾產量之變數。而時間序列分析或計量經濟分析模型亦有被用於垃圾產量之預測分析，討論如下：

$$Q_t = \alpha(1-w) + wQ_{t-1} + \beta_1 \text{POP}_t + \beta_2 \text{INC}_t + u_t$$

其中：Q_t =第 t 年個人平均垃圾之產量

$\quad\quad Q_{t-1}$ =第 $t-1$ 年個人平均垃圾之產量

$\quad\quad \alpha, \beta_1, \beta_2$ =迴歸係數

$\quad\quad w$ =遲滯因子

$\quad\quad \text{POP}_t$ =第 t 年之人口數

$\quad\quad \text{INC}_t$ =第 t 年之國民平均收入

u_t　　　=殘差項

上述之計量經濟模型採用有限時間序列之觀念，並考慮各項有變數之殘留影響力（由 w 可以看出），是較有彈性之預測模型。

【例題 2-1】

已知臺北縣八里鄉建造一座垃圾衛生掩埋場，以服務鄰近地區之垃圾處置，其服務區內垃圾產量之預測，可應用計量經濟模型推估，其背景資料調查如下：

年度	個人產量 (Q_t) (kg/ 人 / 天)	人口數 (POP_t)	收入 (INC_t) (美元$/ 人 / 年)	消費物價指數 (CPI)
1981	0.87	467,000	4,129	91.50
1982	0.92	486,000	4,337	98.16
1983	0.83	541,000	4,506	98.72
1984	0.78	567,000	4,828	99.39
1985	0.86	527,000	5,387	99.28
1986	0.87	543,000	5,683	99.98
1987	0.82	558,000	6,398	101.53
1988	1.18	569,000	7,157	105.79
1989	1.01	601,000	7,718	109.93
1990	1.15	619,000	8,284	114.54

【解】

本題採用計量經濟模型：

$$Q_t = I + wQ_{t-1} + \beta_1 POP_t + \beta_2 RINC_t + u_t$$

其中 $RINC_t$ 為 INC_t 經 CPI 校正後之值，I 為截距項。經採用迴歸分析方法，以最大概似法求解，可得結果如下：

$$Q_t = 0.5470 + 0.6022Q_{t-1} - 0.0013POP_t + 0.0099RINC_t$$

臺灣地區垃圾清運量現況及推估，可由表 2-1 中了解，以民國 78年為基準時，其每人每日垃圾量為 0.9 公斤，年垃圾清運量為 625 萬公噸，到民國 89 年，每人每日垃圾產量為 1.29 公斤，年垃圾清運量為 1,070 萬公噸，這是根據 78 年度臺灣地區垃圾清運率 96.2%，每年成長率 3.3%為基準所推估得到的結果。

表 2-1　臺灣地區垃圾清運量現況及推估

項目 年度	垃圾清運量 （萬公噸／年）	垃圾清運量 （公噸／日）	每人每日垃圾量 （公斤）
78	625	17,147	0.9
85	880	24,125	1.11
89	1,070	29,326	1.29

2-3　垃圾之物理及化學性質

1.物理性質

(1)垃圾之物理組成 (physical composition) 一般可分為下列 10 項，包括紙類、塑膠類、皮革橡膠類、纖維布類、木竹、稻草、落葉類、廚餘類、金屬類、玻璃類、陶瓷類及石頭／土沙類。

(2)垃圾之單位容積重 (bulk density) 亦稱為密度，為描述垃圾之物理化學特性之綜合性指標，若其密度小於 200 kg/m^3，稱之為輕質垃圾，若其密度大於 400 kg/m^3，則稱之為重質垃圾。輕質垃圾熱值較高，多數工業化國家之都市垃圾為輕質垃圾，因此較易採用焚化處理。

2.化學性質

(1)近似分析 (proximate analysis)：又稱為三成分分析，包括水分、可燃分及灰分，有時候將可燃分進一步分成揮發成分及固定碳，因而

形成四成分分析。

　　(2)元素分析 (ultimate analysis)：可分為碳、氫、氧、氮、硫、氯等元素。

　　(3)熱量分析 (heat value analysis)：可分為高位發熱量與低位發熱量。低位發熱量係由高位發熱量扣除垃圾所含水分之蒸發熱而得。

　　(4)灰分熔點：探討焚化灰渣之熔點。

　　垃圾之物理化學成分分析對後續之處理系統規劃甚為重要，物理組成對於資源垃圾之比例及可回收程度提供了可靠之資訊，可進一步用以設計垃圾分選設備；單位容積重是垃圾貯存及清運設施主要之規劃依據，三成分分析提供了垃圾焚化特性之基本資訊，而元素分析可進一步用以分析焚化所需助燃空氣之供應量以及堆肥之可行性，熱量分析提供了焚化之可行性及燃燒溫度。灰分熔點則用以設計爐床，推估燃燒溫度之上限及停留時間。

3.臺灣地區垃圾之物理化學特性

　　表 2–2 及 2–3 列出了環保署公布之臺灣地區垃圾物理組成及化學成分分析數據，由表中可以了解到，我國都市垃圾有以下幾點特徵：

　　(1)含水率較高：國內垃圾含水率約在 50～60% 左右，比美國垃圾含水率 20～25%，日本垃圾含水率 35～40% 之數據高出甚多，此點係與國內垃圾中有大量之廚餘有關。

　　(2)含塑膠量較高：國內垃圾中含塑膠成分約在 15～20% 左右，較美國垃圾之 5～10% 塑膠含量高出甚多，此點可能與國人喜用保麗龍製品及塑膠袋等之生活息性有關。

　　(3)含碳量較低：國內垃圾含碳量約在 15～20% 左右，較美國垃圾之 30～40% 含碳量低了許多，也因此造成國內垃圾之發熱量較美國垃圾低，焚化後能源回收率較低。

表2-2 臺灣垃圾之物理組成（乾基，%）

區域	年度	紙類	塑膠類	皮革／橡膠類	金屬類	玻璃類	纖維布類	木竹／稻草／落葉類	廚餘類	陶瓷類	石頭及5mm以上之沙土	其他
臺灣省	81	23.81	18.17	2.09	7.50	8.07	3.68	5.33	25.56	0.78	1.73	3.30
	82	24.47	18.23	2.39	8.14	8.63	3.81	7.82	22.95	1.21	0.91	1.46
	83	30.41	19.21	0.94	5.75	5.32	4.13	5.23	21.15	1.18	1.23	5.45
臺北市	81	29.54	20.48	0.23	6.88	7.67	3.15	2.91	28.08	0.84	0.24	0.00
	82	28.44	17.23	0.05	6.88	4.24	6.74	2.78	32.48	0.77	0.38	0.00
	83	25.13	16.90	0.22	3.34	3.21	7.77	3.66	37.74	0.52	0.88	0.63
高雄市	81	23.49	21.09	2.14	5.80	6.39	5.86	6.45	23.74	0.98	1.95	2.12
	82	34.79	18.11	0.76	7.12	7.12	6.93	3.44	18.08	0.37	1.82	1.29
	83	34.12	19.72	0.68	9.52	4.84	5.15	2.52	18.75	0.28	2.59	1.83

資料來源：中華民國臺灣地區環境統計年報

表2-3 臺灣垃圾之化學成分分析（濕基，%）

區域	年度	水分	灰分	可燃分							高位發熱量(kcal/kg)	低位發熱量(kcal/kg)
				小計	碳	氫	氧	氮	硫	有機氯		
臺灣省	81	52.26	17.30	30.44	15.59	2.78	11.30	0.44	0.22	0.12	1,699	1,239
	82	49.90	18.53	31.56	15.56	2.84	12.30	0.45	0.24	0.17	1,714	1,262
	83	53.95	12.62	33.43	18.74	2.19	11.78	0.47	0.13	0.12	1,928	1,500
臺北市	81	53.62	11.43	34.95	19.28	2.69	10.43	2.25	0.03	0.26	2,120	1,569
	82	52.06	10.19	37.75	20.61	2.84	12.89	0.64	0.06	0.33	2,225	1,767
	83	50.42	11.60	37.99	20.95	2.97	12.49	0.55	0.09	0.31	2,182	1,584
高雄市	81	49.18	17.28	33.54	16.64	3.04	13.06	0.41	0.21	0.17	1,817	1,358
	82	52.92	14.62	32.46	17.75	2.74	10.62	0.58	0.16	0.02	2,127	1,676
	83	52.26	12.29	35.45	18.76	2.80	12.81	0.66	0.06	0.35	2,026	1,567

資料來源：中華民國臺灣地區環境統計年報

2-4　垃圾採樣及分析之方法

2-4-1　垃圾之採樣

　　為了了解垃圾物理及化學之特性，對後續垃圾之貯存、收集、清運、處理及處置有正確之評估，垃圾之採樣及分析工作是最重要之基礎工作。一般在垃圾之採樣過程中，都以統計學中之抽樣原理來規劃採樣工作，包括有：

1.單一隨機採樣

　　將垃圾分成幾組，再以亂數表進行任意組別之採樣，此種方法適用於垃圾成分變化大時，優點為簡單方便，且成本低。

2.分層隨機採樣

　　將垃圾分成數層，各層內再以單一隨機採樣之方式進行，此種方法適用於各層間有明顯之差異性，優點為準確度較高，但花費較大。

3.系統隨機採樣

　　有某一定空間及時間間隔下，依序取其樣品，適用於垃圾中僅有和緩之分層現象。但若不了解垃圾之特性分佈，則會降低其精確度。

4.權威採樣法

　　若採樣人員非常清楚垃圾之特性時，則全程採用均由人為主觀方式決定。

　　以上係垃圾採樣之基本觀念，目前實際作業時，大都在掩埋場或焚化廠的門口，等待垃圾車進來，並辨別垃圾車所載運垃圾係來自何處產地，然後選好垃圾車後，再讓其傾卸垃圾在大帆布上。然後用一部怪手進行翻攪，使垃圾能均勻化，接著就以人工進行細部攪拌，再

進行單一隨機採樣或分層隨機採樣以取出足夠垃圾後，再以四分法進行局部之小樣本取樣，持續四分法之操作直到取出大約 5 公斤之垃圾，然後進行物理組成分析。若在現場進行物理組成分析，則可得到濕基之物理組成數據，若在實驗室烘乾後進行物理組成分析，則可得到乾基之物理組成，然後可進一步破碎後取樣品進行化學元素分析、堆肥成分分析以及熱量分析。其中化學元素分析可分為碳、氫、氧、氮、硫、氯等項目；堆肥成分分析可分為碳氮比、磷及鉀；發熱量分析可得高位及低位發熱量（低位發熱量係高位發熱量扣除水分蒸發潛熱後之熱量）。

垃圾採樣之頻率需視各地之情況，分別訂定之。整體採樣分析之流程如圖 2-1 所示。

2-4-2 　垃圾之分析

垃圾之三成分分析目的在了解垃圾之水分、可燃分及灰分之含量，為質量平衡計算中最根本之資料；垃圾中之水分可分為化合水、結晶水、吸附水及吸收水等，可燃分中含有揮發性物質及固定碳，灰分則分成純灰分和焚化殘渣等。

1.三成分之測定

(1)水分之測定：垃圾中之水分分成化合水、結晶水、吸收水及吸附水等四種，由於各種水分分離之方式不同，使得測定工作變得相當困難。一般水分之測定方法分為下列二類。

固定性水分之測定：

(a)乾燥法：適用於一般水分之測定，將定量之樣品置於 105℃ 循環送風之乾燥箱內，在固定時間後，取出樣品測其減少之重量，即為水分之重量。但若樣品在 105℃ 時會揮發，則不宜採用此法。

圖2-1　垃圾採樣分析流程圖

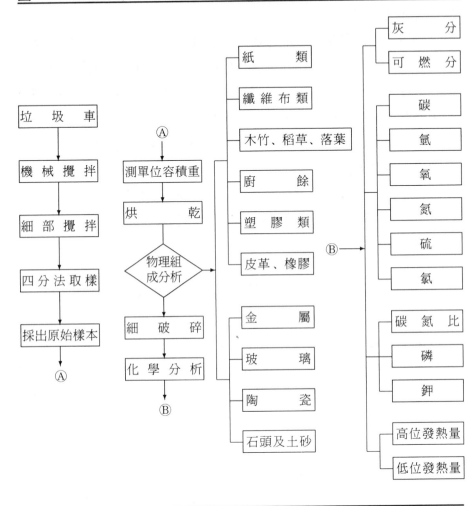

(b)蒸餾法: 適用於脂肪或植物性油中之水分測定, 將樣品置於密閉容器中加溫蒸餾, 然後以容積法或氣體層析儀測定蒸餾液之水分重量。

(2)灰分之測定: 樣品烘乾之後可將其置於坩鍋內, 以高溫灰化爐灰化, 灰化爐需有足夠之助燃空氣, 以確保樣品充分燃燒, 但由於無

法充分攪拌，灰化後之灰分中仍會含有若干可燃成分，此項數據相當於焚化灰渣中殘碳量。

(3)可燃分之測定：通常可燃分不需直接測定，而由樣品總量減去水分及灰分之含量。可燃分可進一步細分為揮發性物質及固定碳。若欲測揮發性物質，可將樣品置於無氧燃燒室加熱，使揮發性物質蒸發，一定時間後量測其損失之重量即為揮發性物質之含量。固定碳之含量即可由樣品重量減去水分、純灰分及揮發性物質含量而得。

2.垃圾密度之測定

密度或比重之定義為標準狀況下 (1 atm, 4℃) 物質與同體積純水之重量比。實際測定時，大多採用單位容積重之方法來測定，單位容積重又稱外觀密度，其計算式如下：

$$單位容積重(kg/m^3或ton/m^3) = \frac{樣品重量 (kg\ 或\ ton)}{容器之容積(m^3)}$$

由單位容積重亦可大略推估垃圾之熱值。

3.垃圾之元素分析

垃圾之元素分析為垃圾焚化或堆肥必須進行之實驗，依元素分析之資訊，可用以研判焚化及堆肥處理多項可行性。一般以管狀燃燒法來測定碳、氫、硫、氯之含量。

(1)碳氫之測定：垃圾樣品在元素分析儀中之密閉燃燒管中加熱燃燒，燃燒管中裝有氧化銅及銀棉，在800℃與充分氧氣下氧化，其中碳會氧化成二氧化碳且氫會氧化成水，兩種產物分別以氫氧化鈉及無水過氯酸鎂來吸收，吸收後可進一步量測二氧化碳與水之重量，再推算碳與氫含量之百分率。

(2)硫氯之測定：垃圾中之硫及氯成分涉及焚化處理時硫氧化物 (SO_x) 及氯化氫 (HCl) 之生成，是提供空氣污染相關訊息之重要指標，欲測定硫氯之元素含量，可利用上述測定碳、氫分析裝置進行分析。但是須將燃燒產生之氣體通過之過氧化氫溶液之吸收瓶，再將吸收液

以滴定法決定硫、氯之含量。

(3)氮元素之測定：以凱氏氮法進行分析，將樣品置於凱氏氮分解瓶中，加入濃硫酸並加熱分解，直到分解液呈透明狀為止，再進一步以氫氧化鈉溶液滴定法測定其含量。

(4)氧元素之測定：氧元素之含量可以可燃性成分減去碳、氫、硫、氯及氮而得。

4.元素分析值之應用

(1)垃圾焚化助燃空氣量之計算：因為垃圾之燃燒是碳、氫、硫等可燃元素及氧之化學反應，所以理論空氣量可依下式計算之：

$$理論需氧量 V_O = 22.4 \left(\frac{C}{12} + \frac{H}{4} + \frac{S}{32} + \frac{O}{32} \right) \ [\text{Nm}^3/\text{kg垃圾}]$$

$$理論空氣量 V_a = \frac{V_O}{0.21} \ [\text{Nm}^3/\text{kg垃圾}]$$

(2)垃圾低位發熱量之推估：

(a) Dulong 公式

$$H_\ell = 81C + 342.5 \left(H - \frac{1}{8}O \right) + 22.5S - 6(9H + W) \ [\text{kcal/kg}]$$

式中：　H_ℓ =生垃圾之低位發熱量

C = 生垃圾中之含碳量(%)

H = 生垃圾中之含氫量(%)

O = 生垃圾中之含氧量(%)

S = 生垃圾中之含硫量(%)

W = 生垃圾中之含水分(%)

(b) Steuer 式

$$H_\ell = 81 \left(C - 3 \times \frac{1}{8}O \right) + 57 \times 3 \times \frac{1}{8}O + 345 \left(H - \frac{1}{16}O \right)$$
$$+ 25S - 6(9H + W) \ [\text{kcal/kg}]$$

(c) Scheurer-Kestner 式

$$H_\ell = 81 \left(C - 3 \times \frac{1}{8}O \right) + 342.5H + 22.5S + 57 \times 3 \times \frac{1}{4}O$$
$$- 6(9H + W)\ [\text{kcal/kg}]$$

(d)日本環境衛生中心之推估式

$$H_h = 81C + 345H - 33.3O + 25S$$

$$H_\ell = H_h - 6(9H + W)$$

5.熱量分析

測定垃圾之熱值之目的有以下二點:

(1)判定垃圾是否適合焚化處理。

(2)判定焚化處理之熱釋放率,作為鍋爐及爐體材料設計之依據。

在測定發熱量時,一般使用熱卡計進行測定,測定之原理乃將樣品以雁皮紙包裹,置於恆溫且絕熱式之夾套中,再利用點火鎳線纏繞,點火燃燒後,物質所釋放之燃燒熱,由外圍水槽上升之溫度,再乘上熱當量推算之,而單位重量之熱值即以上述推估之值除以垃圾樣品重量即可得到。由於垃圾樣品係烘乾後所採取的樣品,故以上述之方法得到之發熱量為垃圾乾基之高位發熱量,若欲求濕基之高位發熱量可將乾基之高位發熱量以垃圾原有之含水量值加以修正即可。在焚化工程設計時,一般均採用濕基之低位發熱量,因其乃生垃圾在焚化後能夠被鍋爐吸收之最大可能熱量。

2–5 其他項目之分析

垃圾處理設施與實驗分析項目之關聯性可由表2–4 中表達出來,

表2-4　垃圾處理設施種類與實驗分析項目

實驗分析操作項目		焚化設施	掩埋場	堆肥廠	分選工廠
基本垃圾品質分析	採樣方法				
	試料調整				
	單位容積密度				
	水　　分	○	○	○	○
	可燃分及灰分				
	發熱量				
	元素分析				
	物理組成				
焚化殘渣分析	試料採取				
	水　　分				
	揮發性固體物	○	△		
	溶出試驗				
	軟化、熔融溫度				
	溶出試驗				
焚化排氣分析	試料採取				
	水　　分				
	CO, CO_2, O_2 及 N_2				
	總硫氧化物				
	總氮氧化物	○			
	氯化氫				
	氟化物				
	重金屬				
	粒狀污染物濃度				
堆肥分析	堆肥化過程　水　　分				
	溫　　度				
	C/N		△	○	
	pH				
	醱酵區氣體分析				
	成品試驗　水　　分				
	C/N				△
	肥效分析				

註：○表示必要實驗項目
　　△表示視實際狀況而定之實驗項目

前述各節所討論之項目均屬於基本垃圾品質分析，若欲進一步了解各種處理及處置設施之狀況，則可進行焚化殘渣分析、焚化排氣分析及堆肥分析等工作。焚化殘渣分析與焚化排氣分析是屬於焚化廠運轉之效能分析，涉及焚化廠對環境影響之評估工作，尤屬重要。

2-6　結語

垃圾質與量之推估，為建立正確之垃圾性質資料庫，提供後續垃圾貯存、收集、清運、處理及處置系統規劃之基礎。垃圾產量之推估，涉及許多社會經濟因子，推估之方法以數學統計分析為主，而垃圾性質之分析，須應用許多化學實驗之設備及技巧，成本相當高；目前國內各大城市環保單位均有針對垃圾之質與量進行長期性之記錄分析，這些資訊，可在各類環保年鑑及統計報告中得到。

┌────────────┐
│　習　　題　│
└────────────┘

2-1　目前臺灣垃圾之物理組成分析分為那 10 類，其中可回收物質為
　　那幾類？資源垃圾佔總垃圾量之比例約為多少？

2-2　垃圾化學分析有那些項目？各有何目的？

2-3　試述垃圾採樣之方法？

2-4　試述垃圾採樣分析之流程？

2-5　試以表 2-3 之化學元素分析資料及 Dulong 公式，推算臺灣垃圾
　　之低位發熱量，再與表 2-3 中低位發熱量之實驗值比較，並解釋
　　為何有所不同？

第三章　垃圾之貯存及清除

3-1　前言

　　廢棄物由家庭或事業單位排出後必須集運，集運之過程包括貯存、收集、清運及轉運。排出之方式可分為分類排出和混合排出兩種，貯存、收集及清運之支出一般佔廢棄物管理系統成本支出之一半以上，其效率高低，將直接影響後續處理及處置工作之成效。

3-2　垃圾之貯存

　　垃圾貯存之容器，更需合乎衛生及美觀之要求，根據過去之研究，貯存容器應合乎下列條件：
　　(1)污水臭味不洩漏。
　　(2)密封而使雨水不入侵，病媒不孳生。
　　(3)大小適宜，可以穩定放置亦可方便地移動。
　　(4)價廉，易於規格化。
　　(5)不易被貓、狗等動物破壞。
　　(6)不透明且易清洗。
　　(7)重量適中，強度夠，操作時不易產生噪音。
　　(8)易於識別，可回收資源垃圾。
　　目前一般垃圾之貯存方式可分為三種：
1.塑膠袋或紙袋
　　有些地區有垃圾專用之塑膠袋，有些則用超商購物之大型牛皮紙袋裝垃圾，國外甚至專門研製生物可分解之塑膠袋，以使垃圾在掩埋場內可以被分解。若貯存地點貓狗很多，則使用塑膠袋或紙袋之貯存

方式可能會造成環境衛生之問題。

2.塑膠筒或金屬筒

一般有進行分類排出之地區，常使用不同型式之塑膠筒，金屬筒或塑膠筒很容易密封，較不怕貓狗翻撿，但收集時可能較消耗人力時間。

3.垃圾子車

收集場所較固定，居民可以隨時排出垃圾，但若容量不足，清運頻率不夠時，反而易變成髒亂點，子車必須長期維護清理，會耗費清運人員更多之工作時間。

許多先進國家在垃圾之貯存及排出均有嚴格之規定，貯存之前處理工作包括：

(1)瀝除水分

(2)危險物品之包紮

(3)大型物之分解

(4)密封綑綁

(5)分類收集

在美國因每個家庭廚房均有裝鐵胃，將廚餘磨碎後沖入下水道中，故垃圾內幾乎沒有廚餘，生垃圾中水分含量因而平均只有國內生垃圾之一半左右。臺灣地區因下水道尚未普及，國人飲食習慣亦多偏好油膩之食物，故家庭垃圾之含水率很高，熱值較工業化國家之垃圾熱值低很多。

3-3　垃圾之收集

一般垃圾收集方式可分為下列三種：

1.逐戶收集

每戶將垃圾筒或垃圾袋放在家門口，由清潔隊員前來收集。

2.逐站收集

由民眾將垃圾送到附近之垃圾子車或收集點堆放，清潔人員定時前來收運。

3.定點搖鈴收集

垃圾車抵達收集點後，再搖鈴或播放音樂，居民聽到後再將家中之垃圾排出。

這三種方式各有優缺點：

第一種方式：

優點：(a)無公共收集點之紛爭

　　　(b)對居民較便利

缺點：(a)在沒有都市規劃，門牌凌亂地區不易實施

　　　(b)影響市容整齊

　　　(c)耗費清潔隊員人力時間

　　　(d)易產生環境衛生問題

第二種方式：

優點：(a)可縮短收集時間

　　　(b)清潔隊員體力消耗較少

缺點：(a)收集點若管理不當，易形成髒亂點

　　　(b)收集點選點可能會產生爭執

　　　(c)居民可能不易配合收集時間

第三種方式：

優點：(a)垃圾可以不落地，避免髒亂點

　　　(b)可節省清潔隊員體力

缺點：(a)對某些小家庭可能很不方便，在收集時段可能無人在家

　　　(b)對高樓住戶可能很不方便

　　　(c)收集時間可能較長

另外，根據過去之研究，夜間及子母車作業檢討如下：

1.一般垃圾車（夜間作業）

優點：

⑴夜間收集垃圾，住戶有充裕時間將垃圾裝袋堆置於收集點，清運效率提高，對以往市民無法配合而遭受指責之情形大為改善。

⑵實施夜間收集，白天發現垃圾包，派垃圾車巡迴撿拾，街頭垃圾包已逐漸減少。

⑶夜間市區車輛較少，節省垃圾車的行車時間。

⑷夜間交通量少，發生車禍可能性亦隨之降低。

⑸夜間收集，日間甚少見到垃圾車，減少交通壅塞及不快感。

缺點：

⑴垃圾置於收集點地上，部分市民未依規定將垃圾包紮妥當或因垃圾袋易受貓狗、拾荒者等破壞，至垃圾著地，且因風雨加重污染程度、污水橫流，造成地面污染，影響環境衛生。

⑵收集點垃圾由隨車隊員以人力收集至垃圾車上，耗費人力，且因人車之噪音，影響安寧。

⑶商業區之辦公室垃圾，無法配合在夜間作業時間內，將垃圾送出，造成不便。

⑷部分民眾不守法，不按時將垃圾在規定時間（夜9～11時）將垃圾送至收集點而提前或隔日白天再拿出，且隨地棄置造成市區仍可見垃圾包，嚴重破壞市容觀瞻。

⑸部分投機市民將建築廢棄物（依規定需自行清運），粗大垃圾（破舊家具、電器等）或按規定需辦理代運之垃圾（如事業廢棄物等），利用夜間棄置於垃圾收集點，使垃圾收集量劇增，且造成收集作業之不便。

⑹夜間作業生活反常，增加收集清運人之體力負擔。

⑺收集點必須定時加以清洗，增加清運成本。

2.子母車作業

優點：

(1)以機械代替人力，減少清潔隊員之體力負擔。

(2)作業速度快可增加清運效率，尤其在垃圾產生量大的地區更為適合。

(3)避免垃圾著地，減少垃圾污染地面。

(4)垃圾箱固定擺置，民眾丟棄垃圾不必受收集時間之限制，可提高服務水準。

(5)在郊區可供暫時貯存垃圾，隔日再收集一次。

缺點：

(1)部分市民不守法，垃圾未完全投入子車中，造成環境污染。

(2)現有子車上蓋設計欠佳，易生臭味，觀瞻不佳。

(3)與母車配合作用時，機械噪音大，住宅區內尤其是夜間不適合使用。

(4)放置數量不普遍，容量不足，致使垃圾溢出子車之外，形成髒亂。

(5)需另購置子車，增加成本。

垃圾逐站收集為目前臺灣各都會區常採用之方式，一般大都會區目前收集站選定之原則如下：

(1)一般 15～20 戶左右可以設一收集點。

(2)設站地點應有足夠之空間。

(3)不會影響觀瞻，造成環境衛生問題。

(4)垃圾車進出及停車方便之地點。

過去曾推行使用子母車收運垃圾，然而子車之設備不易維護，且容量及收集頻率不夠，反而易變為髒亂點，受到居民之抱怨，環保單位將很多子車撤回後，居民有些則以竹簍或塑膠筒代替，但髒亂之情形仍然存在，且易遭貓狗咬食，污染路面，形成今日都會區環境品質

之主要問題點。目前臺灣地區各都市多缺乏良好之都市計畫，住宅、商業、工業區經常混合在一起，道路設計鮮能配合電信、排水、給水等管線工程，故宜通盤檢討道路設計之規範，宜將垃圾子車之定點收集設施看成是道路公共設施之一部分，依照人口密度合理規劃，提供適當之空間，環保單位宜妥善配置子車，規劃容量及收集頻率，若人力不足時，子車之清潔維護工作，可以交給民間之代清除業來清運及維護管理。

　　子車如能適當配置，亦可配合垃圾分類及資源回收，初期可以推動「資源垃圾」及「非資源垃圾」之分類，進而可以將資源垃圾再分為「可燃物」或「不可燃物」，以協助後續之清運、轉運、處理及處置作業。然而資源垃圾之貯存，亦可以不同顏色之垃圾袋由產源即進行分類，垃圾清運時可以規定在不同日期僅收某一種顏色之袋子，即可達到垃圾減量即分類之目標。

3-4　垃圾之清運

　　在本世紀30年代以前，國外垃圾收集主要工具為馬車，直到1932年美國里奇 (Leach) 公司製造了第一輛後裝式垃圾車後，機械式之垃圾收集車輛在以後之年代裡才快速發展。到60年代後，垃圾收運之機具已發展成一個新的工業體系，垃圾收運車輛之型態也由原來的後裝式垃圾收集車發展成為前裝式垃圾收集車、側裝式垃圾收集車、上裝式垃圾收集車、子母式（衛星式）垃圾收集車、垃圾箱垃圾收集車及半掛式（貨櫃式）垃圾轉運車等。各種功能之垃圾車輛已大大提昇了垃圾收運之效率。

　　近年來國外垃圾收運車輛的發展有以下幾點特色：

　　⑴加大車輛之載重，採用質地輕、強度大之材質製造車體。

⑵普遍加裝垃圾容器自動提昇裝置，可大大減低清潔人員之辛勞，減少工作人員之數量，有些甚至只需司機一人即可。

⑶車內加設擠壓裝置（液壓系統），以增加垃圾車之裝載量。

⑷改善駕駛之工作環境，例如駕駛室採用低進門高度，便於司機上下車，安裝雙側駕駛系統、自動變速器和空調裝置。

目前垃圾收運車輛一般可分為開口式及密閉壓縮式，小型車大約 $3\sim6m^3$ 之容量，中型車 $6.5\sim10m^3$， $10m^3$ 以上為大型車，都市地區通常使用中、大型密閉壓縮式垃圾車；垃圾車若採子母車收運，則又進一步依照舉升子車方式之不同劃分為前收式（由車頭前方舉升子車）、側收式（由車身側面舉升子車）、後收式（由車身後方舉升子車）、以及分離式（貨櫃式子車），如圖 3–1 所示。如果進一步依壓縮方式分為壓縮板式、迴轉板式及旋轉箱式三種，如圖 3–2 所示。一般臺灣都會區目前多採日製中型壓縮式垃圾車及美製大型壓縮式垃圾車，如圖 3–3 所示。

垃圾收運工作最大之困難點在於如何配合垃圾分類及資源回收，若欲回收資源垃圾，則採用之車型必須為開口式配合各種舉升功能。若欲收集一般垃圾，則須採用壓縮式並可配合某種子車之舉升型態，不同之都會區型態可能需考慮要採用何種車型來搭配較有利。

在收運路線之規劃方面，常用以下幾種方式來規劃：

⑴以銷售員問題 (travelling salesman problem) 來規劃，使在清運路網中之收集時間能最小化。

⑵以尤拉圈 (Euler tour) 之方式，使垃圾車在最短總行程之下走完所有之路網中之路段。

⑶以經驗法則來規劃路線。

⑷以數學規劃模式來規劃，使人力、成本、時間等因子可以被通盤考慮。

圖3-1 各種垃圾車之收運方式

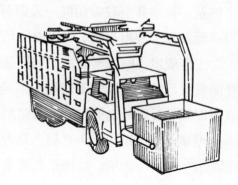

(a)前收式

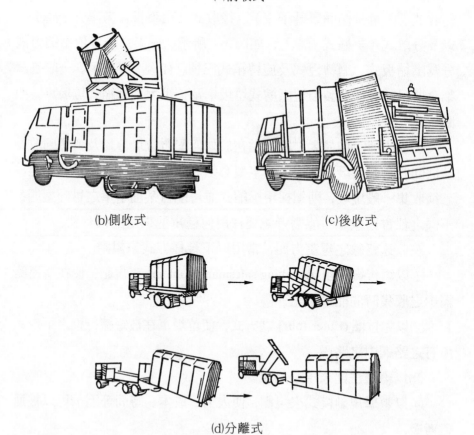

(b)側收式 (c)後收式

(d)分離式

圖3-2　各種垃圾車之壓縮方式

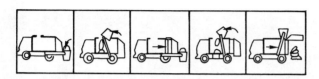

(a)向後壓縮板式廢棄物車操作過程

(b)向前壓縮迴轉板式廢棄物車操作過程

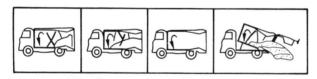

(c)迴轉壓縮式廢棄物車操作過程

　　目前一般環保單位多以簡單之經驗法則來規劃收運路線, 可以歸納如下:

⑴路線不可重覆或零散, 應儘量連續。

⑵每條路線之收運工作負荷應儘量一致。

⑶收運路線之起點應儘量靠近車隊駐地。

⑷應避免在尖峰時刻收運垃圾。

⑸如果集運區坡度很大, 應儘量從高處往低處收運, 必以圈轉方式沿街兩側同時收運。

⑹應儘量避免左轉方式收運。

⑺只能從單側收集時, 路線應儘量規劃成連續右轉之方向。

圖3-3　臺灣目前常用之壓縮式垃圾車

(a)日製中型壓縮式垃圾車

(b)美製大型壓縮式垃圾車

　　以上之定線可以配合電腦之地理資訊系統 (Geographical Information System, GIS) 來進行，將會很方便。

　　在系統狀況發生改變時，均須進行重新定線，例如：

(1)收集路線須配合服務區之成長

(2)收集頻率改變

(3)收集點改變

(4)收運人力改變

(5)收運車型改變或數量改變

(6)處理或處置設施地點改變

(7)垃圾收集容器或方式改變

(8)服務區數目或範圍改變

　　一般而言，上述只有處理或處置設施之改變屬於區域性系統之改變，而其他各類均屬局部性狀況之改變；故垃圾細部收運定線須配合全局性之系統分析與規劃，隨時了解何時會有新的設施開放營運或舊的設施結束營運，細部定線之規劃可以依據此中長程區域規劃傳達來之訊息，隨時調整收運路線之佈署。

　　此外，垃圾清運距離若過長時，則可以採用轉運站來降低清運成本，轉運站之功能，可以接受小、中、大型垃圾車運來之垃圾，然後以壓縮方式將垃圾壓入貨櫃中，再由貨櫃拖車頭將貨櫃拖運到焚化廠或掩埋場，由於一部貨櫃車之運量相當於 2～3 部大型垃圾車之運量，在大系統中可產生規模經濟之效果。

　　轉運站設置之原則如下：

(1)運距若超過 20～30 公里，則可以考慮設置轉運站。

(2)轉運站宜採密閉式，其產生之廢水、臭氣、噪音等因素應妥善處理，以避免產生二次公害。

(3)轉運站應用完善之管理設施，詳細紀錄其進出之垃圾量。

　　轉運站可進一步分為即運式及貯運式，即運式不具貯存功能，每

日送進來之垃圾均當日運走，如此設計有佔地較小及二次公害程度較低之優點，但需要較多之大型貨櫃車。貯運式可連續 24 小時不停地操作，但垃圾貯坑佔地大，產生二次公害之程度較高。二種型態之選擇，需視各種內在及外在條件決定之。

　　目前臺灣地區在臺北及高雄大都尚未有正式之轉運站，但都會區之整合性垃圾管理體系已經成型，未來應仔細評估轉運站之需求。

3-5　影響垃圾收集效率之因子

　　影響垃圾收集效率之因子包括有：
　　(1)貯存容器
　　(2)收集方式
　　(3)收集時段
　　(4)收集頻率
　　(5)收集機具功能
　　(6)路線規劃
　　(7)工作人員之年齡
　　(8)轉運站之設置
　　(9)營運型態
　　分別說明如下：

1.貯存容器

　　一般可分為垃圾袋、垃圾桶及子車三種，垃圾袋易破碎，收集時可能會散落，垃圾桶收集上較方便，更大容量之垃圾子車若運用得當，可以節省人力及清運時間，但設置成本較高，大部分先進國家之都會區均採垃圾子車之方式，可配合社區之型態，彈性配置，應是未來之一種趨勢。

2.收集方式

逐戶收集之服務效率高，但耗費時間及人力，逐站收集可以縮短收集時間，但收集點有時難覓，如果維護不當，亦變成髒亂點。

3.收集時段

一般大都會區目前大都採用夜間收集（如臺北市、高雄市），以縮短收運之行車時間，避免尖峰時刻之擁擠，但收集點附近居民在夜間收集過程可能較易受到噪音之干擾，另外，工作人員夜間收集較辛苦，不能睡眠，易影響工作情緒，因此有些城市（如臺南市）仍採白天收集，但安排在離峰時段交通流量較低之狀況才出車收集。

4.收集頻率

收集頻率與人力機械設備之狀況及排出點之位置及數量有關，若垃圾排出量大，收集頻率應該要提高。

5.收集機具功能

若收集機具有壓縮設備且容量大，則可以減少收集頻率，若採子母車之方式，則收集之人力機具分配需配合子母車搭配之型態來安排。

6.路線規劃

路線規劃若能得當，可以減少行車距離、時間，甚至降低人力之負荷，提高清運效率。

7.工作人員之年齡

清運人員之年紀亦為影響工作效率之因子，目前臺灣地區清潔隊員平均年齡較高，有些為社會上之代賑工，工作效率較年輕人稍低。

8.轉運站之設置

轉運站不僅可以縮短清運距離，減少人力機具之負荷，亦可配合資源回收作業。

9.營運型態

一般而言，民營機構之效率較公營機構為佳。

故良好之清運系統規劃，需綜合各種內在及外在環境及條件，思

考各種影響效率之因子，進行系統分析，方能提高整體服務品質。

3-6 垃圾清運計畫之規劃

垃圾清運之執行單位於各年度時須擬定該年度之垃圾清運計畫，其一般之步驟如下：

(1)調查各服務區之人口密度及生活方式。

(2)調查各年度各區之垃圾產量及組成。

(3)決定垃圾收集區之分區及應清運之數量。

(4)決定收集時段及頻率。

(5)決定收集方式，包括分類收集或集中收集，公營或民營，及子母式垃圾車或一般式垃圾車之收運。

(6)處理設施之位置及容量，例如轉運站、焚化廠、掩埋場等之地點及容量。

(7)調查各排出點之位置。

(8)調查各排出點垃圾之貯存方法。

(9)根據現有人力機具劃分各收集區內之責任分區。

(10)排定各時段作業人數及車種。

一個良好之收運規劃應可達到以下幾點目的：

(1)適當之路線規劃以縮短清運之時間。

(2)適當地設置轉運站以節省運輸成本。

(3)適當人力配置，注意工作負荷之公平性，以提高工作士氣。

(4)配合分類收集與資源回收。

(5)適當之收集頻率以維護收集點之環境衛生。

3-7　結語

　　廢棄物之貯存、收集與清運工作是維護都會區綜合性環境品質之一部分，佔廢棄物管理系統之總成本經常在一半以上，它不僅是環境保護之一部分工作，也是都市計畫之一部分工作，此一系統之成敗關係著國民之生活水準以及國家進步之里程碑。

$$\boxed{習\quad 題}$$

3-1　試述一般垃圾之收集方式及優劣點？

3-2　試述垃圾收運路線規劃之方法？

3-3　試述影響垃圾收運系統效率之因子？

3-4　試述轉運站之功能及型式？

3-5　試述垃圾收運計畫之規劃步驟？

第四章 垃圾前處理與資源回收

4-1 前言

都市垃圾依其經濟性、資源性及有害性可以分成下列六類:

1.資源垃圾

廢紙類、廢保特瓶、廢鐵罐、廢鋁罐、廢塑膠、廢玻璃等。

2.可燃性垃圾

木竹類、纖維布類、庭院廢棄物等。

3.不可燃性垃圾

玻璃、土沙、陶瓷等。

4.不適燃性垃圾

塑膠、橡膠、皮革等。

5.有害性垃圾

水銀電池、日光燈、溫度計等。

6.巨大垃圾

廢家具、廢冰箱、廢洗衣機等。

目前臺灣地區焚化廠在陸續興建中, 掩埋場亦多面臨飽和狀態, 垃圾減量與資源回收工作顯得非常重要, 若能配合得當, 可以達到以下幾項目標:

1.回收有用之物質

根據資源保育 (resource conservation) 的觀念, 基於減量、再利用、回收與再生 "4R" 之目標 (Reduction, Reuse, Recycle, Regeneration), 盡量將垃圾中可再利用之物質 (如紙類、金屬類、塑膠類等) 以各種形式加以回收再利用。

2.配合焚化的需要

垃圾分類可以將不適燃之垃圾 (如金屬、巨大垃圾等) 分離出來,

以保護爐床，改善焚化殘灰之性質。

3.減低毒害性

可以將家戶所產生之有害垃圾（如部分醫院垃圾、水銀電池、日光燈管等）分離出來，以免危害收集人員及造成二次公害。

而垃圾分類之作法大致有下列兩種：

1.從產源分類

即從垃圾排出點（家戶）進行分類，可按經濟性、資源性或有害性等類別加以區分。

2.採機械分類

有一些資源回收中心接受混合性資源垃圾 (commingled recyclables)，但必須採用各種物理單元操作（如破碎、篩選、風選、磁選等），將各種可回收物質（如紙類、塑膠、金屬等）加以分離及回收。

因此在垃圾減量與資源回收之考量上，除了要回收資源垃圾外，亦須防止有害垃圾進入都市垃圾收運處理體系。例如表 4–1 顯示了美國許多州均已立法禁止各種有害垃圾進入都市垃圾收運體系。如果資源垃圾在進入收運處理體系前就已被回收，則可稱其為垃圾減量，在進入收運處理體系後，無論是在路邊收集點被清潔隊員回收，或是在其他專門之地點進行人工或機械式之分類及回收，均稱之為資源回收或物質回收。在這些回收中心內之一些前處理之方法，如破碎、分離及壓縮單元，可以被適當的設計，以配合人工選別，達到最大之回收效益。

表4-1　美國各州對有害性及庭院垃圾之禁止進入
　　　　　一般都市垃圾系統之規定

州　　名	廢鉛蓄電池	庭院廢棄物	廢輪胎	廢油	巨大垃圾
加州	＊				
康乃狄克州	＊	＊		＊	
哥倫比亞特區				＊	
佛羅里達州	＊	＋	＊	＊	＊
喬治亞州	＊				
夏威夷州	＊				
伊利諾州	＊	＊	＊		
愛荷華州	＊	＊	＊	＊	
堪薩斯州	＊		＊		
肯塔基州	＊				
路易斯安那州	＊			＊	＊
緬因州	＊				
麻州	＊	＊	＊		
密西根州	＊	＊		＊	
明尼蘇達州	＊	＊	＊	＊	＊
密蘇里州	＊	＊	＊	＊	＊
新罕布什爾州	＊				
紐澤西州		＊			
紐約州	＊				
北卡州		＋		＊	＊
俄亥俄州	＊	＊	＊		
奧瑞岡州	＊		＊		
賓州	＊	＊			
羅德島			＊		
田納西州	＊				
佛蒙特州	＊		＊	＊	＊
維吉尼亞州	＊				
華盛頓州	＊				
威斯康辛州	＊	＊	＊＊	＊＊	＊
懷俄明州	＊				

＋：指只有樹葉被禁止進入垃圾收運處理體系。

4-2　資源垃圾回收之前處理方法

4-2-1　垃圾清運與資源回收

　　目前許多工業化國家在垃圾收集點處即實施資源回收，有些地區居民會依照規定，將資源垃圾與一般垃圾分開貯存，因此在收集點處通常有兩種垃圾車負責收集，一為收集一般垃圾之壓縮式之垃圾車，另一為收集資源垃圾之開口式垃圾車，有些開口式垃圾車側面有裝置自動舉升資源回收筒之裝置，甚至還有裝設壓縮鋁罐及寶特瓶等之壓縮機，配合收運。

　　在收集方式方面，日本係以不同顏色之垃圾袋來區分不同種類之垃圾，美國以不同顏色之桶子來區分不同之資源垃圾，德國以不同型式之密封塑膠筒來區分不同之資源垃圾，國內曾自荷蘭引進乙批資源垃圾筒（外星寶寶），但推動並不順利。目前臺灣地區有許多民間組織加入資源垃圾之回收。

4-2-2　資源垃圾回收之前處理設備

　　前處理或資源回收分選技術已發展了相當長一段時間，基本之物理單元操作可分述如下：

1.破碎 (shredding)

　　破碎之目的即將垃圾切割成小塊，有利於回收各種有用之物質，運輸或貯存，焚化或熱解，以及堆肥或掩埋。破碎機之設計，主要利用壓縮、剪斷與衝擊各種作用力之組合，將廢棄物破碎，其主要運動

機構可分為迴轉式、往復式及壓縮式。

(1)迴轉式破碎機：分為橫型（旋轉軸水平）與豎型（旋轉軸垂直）兩種，亦可分為以衝擊作用為主之高速迴轉型或以剪斷作用為主之低速迴轉型。低速迴轉型適於軟質塑膠、布類等之破碎。高速迴轉型適用於汽車車體等大型金屬製廢品、家具等大型木製廢品、鋼筋混凝土、廢塑膠等巨大垃圾之破碎。如圖4–1。

(2)往復式破碎機：剪斷式破碎機以油壓將廢棄物壓碎並予剪斷，適於木材、金屬類製品之切斷。另外，壓縮剪斷破碎機則藉油壓先將投入供給箱之廢棄物壓碎、固定，再以縱刃、橫刃將其切斷，此型破碎機除可固定並切斷廢棄物之外，並可將其壓縮提高密度，適用於迴轉式破碎機無法破碎的金屬類、大口徑之廢木材，特殊車輛用的輪胎等大型廢棄物之處理，如圖4–2。

(3)壓縮式破碎機：藉上下履帶之壓送將廢棄物壓縮破碎，適於水泥、玻璃、硬質塑膠等脆性廢棄物之破碎，如圖4–3。

圖4–1　迴轉式破碎機

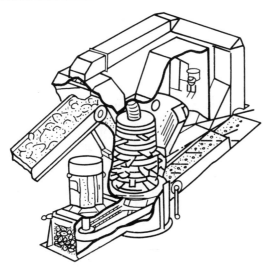

(a)高速豎型迴轉剪斷衝擊式破碎機

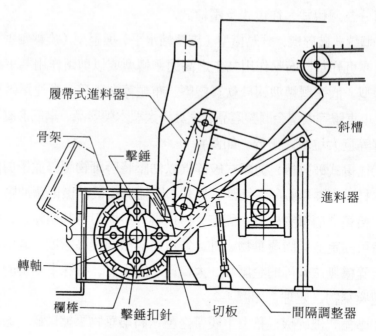

履帶式進料器

斜槽

骨架

擊錘

進料器

轉軸

欄棒　擊錘扣針　切板　間隔調整器

(b)高速橫型迴轉剪斷衝擊式破碎機

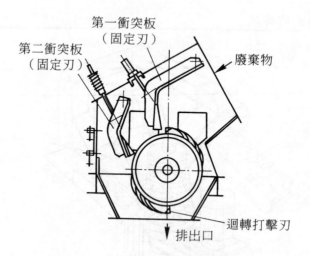

第一衝突板
（固定刃）

第二衝突板
（固定刃）

廢棄物

迴轉打擊刃

排出口

(c)迴轉衝擊式破碎機

圖 4-2　往復式破碎機

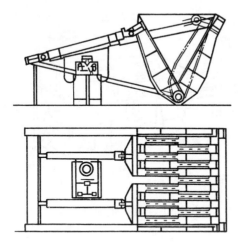

(a) Von Roll 往復式剪斷破碎機

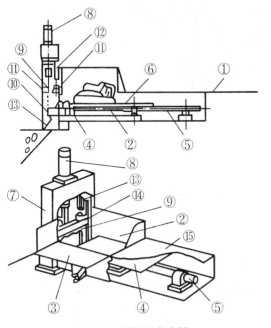

(b)往復式剪斷破碎機

①傾卸臺　　　　⑭押制器

②垃圾箱　　　　⑮覆板

③進料斗

④推進器

⑤推進器油壓筒

⑥切割板

⑦剪斷器骨架

⑧剪斷器油壓筒

⑨上橫刃

⑩下橫刃

⑪上縱刃

⑫下縱刃

⑬押制油壓筒

圖4-3　壓縮剪斷式破碎機

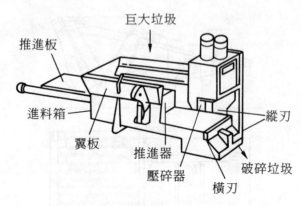

巨大垃圾

推進板

進料箱

翼板

推進器

壓碎器

縱刃

破碎垃圾

橫刃

(a) Lindeman 往復動壓縮式剪斷破碎機

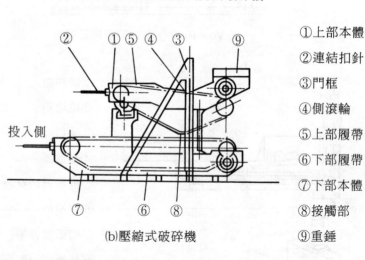

②　①⑤④　③　　　⑨

投入側

⑦　　⑥　⑧

(b)壓縮式破碎機

①上部本體
②連結扣針
③門框
④側滾輪
⑤上部履帶
⑥下部履帶
⑦下部本體
⑧接觸部
⑨重錘

2.分選 (separation)

　　分選亦稱為選別 (sorting)，包括人工分選及機械分選兩種方式，主要目的為將資源性之垃圾（如廢紙、金屬、玻璃及塑膠類）及有害性之垃圾（如電池、日光燈管、易燃品等）分離出來，已開發之分選技術很多，包括有運用風力、重力、浮力、離心力、磁力、振動力、篩孔及光學原理來設計。分述如下：

(1)篩選 (screening)：本法係利用破碎後顆粒之粒徑差，在通過篩網之過程中加以分選，其效率係受振動方法、振動方向、振幅、篩網角、網孔大小、粒子反撥力、粒子形狀、水分含量及處理量等條件而有所影響。目前比較常用之篩選機械計有振動篩、迴轉篩、分級篩、搖動篩及固定篩等數種，此類機械多與其他選別方式或選別機械配合使用，如圖 4-4。

(2)重力分離 (gravity separation)：重力分離技術計有浮選、重液分離、沈澱分離、風力分離、慣性分離、浮上振動分離、脈動分離等不同方式。分述如下：

(a)浮選 (flotation)：使分散在液體中之粒子，附著在液中所產生之氣泡而上浮，以達分離目的之操作。通常依分離對象之不同，可分礦石分選、分子浮選、離子分選等種。

(b)重液分離 (heavy-media separation)：將兩種不同比重之固體混合物，利用介於兩者比重間之重液（例如 $CaCl_2$ 水溶液）為媒體，加以分離之方法，此種方法應用於選礦、無機物之分離等方面最為普遍。

(c)沈澱分離 (separation by precipitation)：使液體中之固體因重力而沈澱，以達固液分離之目的。

(d)風力分離 (air classification)：利用廢棄物比重之差異與其對氣流抵抗力之不同，使其在相對氣流中產生落下距離之差距，以達分離目的之方式。通常用於：①金屬與非金屬之分離，②塑膠、橡膠等與金屬之分離，③流動床式焚化爐產生之砂與灰之分離等，如圖 4-5。

(e)慣性分離 (inertial separation)：此種方式又稱彈道分離 (ballistic separation)，係利用高速輸送帶、迴轉器或空氣之流動，使水平方向移動之粒子能形成二次元運動軌跡，而將大小、密度不同之粒子加以分離之方式，如圖 4-6。

圖 4-4　篩選之方式

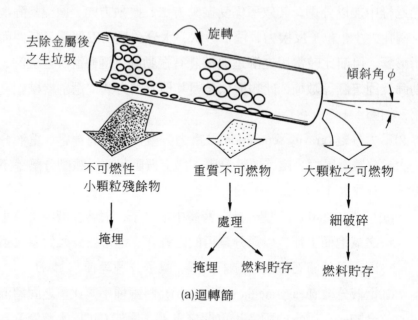

(a)迴轉篩

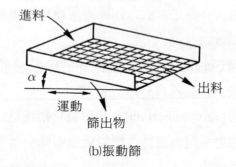

(b)振動篩

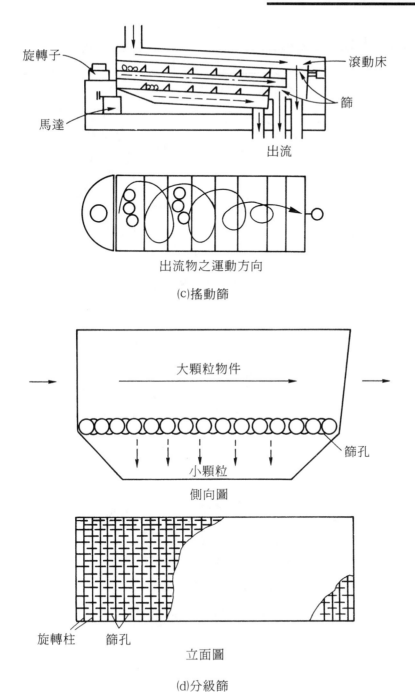

旋轉子

滾動床

篩

馬達

出流

出流物之運動方向

(c)搖動篩

大顆粒物件

篩孔

小顆粒

側向圖

旋轉柱   篩孔

立面圖

(d)分級篩

圖4-5　風力分離之方式

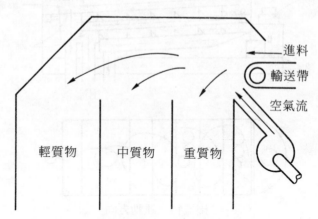

水平式氣流分離機原理圖（氣刀型）

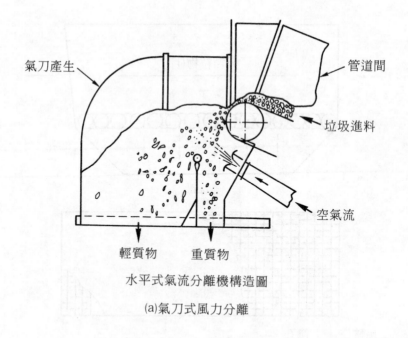

水平式氣流分離機構造圖

(a)氣刀式風力分離

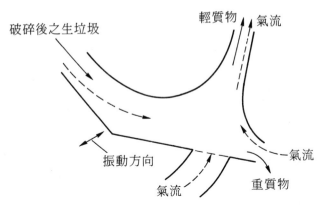

傾斜振動式氣流分離機原理圖

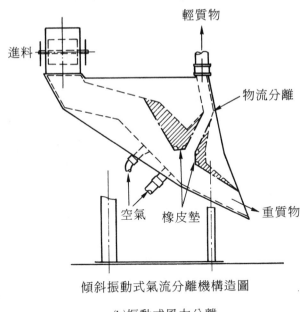

傾斜振動式氣流分離機構造圖

(b)振動式風力分離

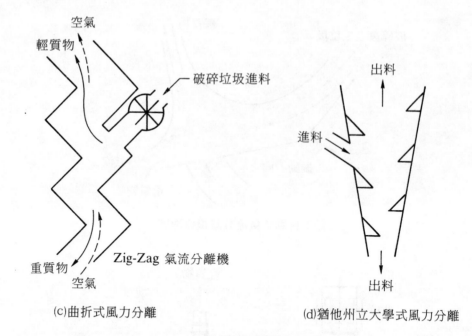

(c)曲折式風力分離　　　　　　　　(d)猶他州立大學式風力分離

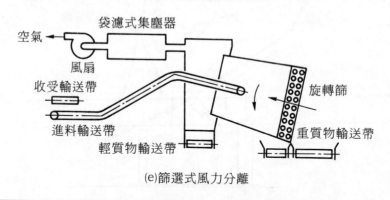

(e)篩選式風力分離

(f)浮上振動分離 (separation by flotation and vibrating)：將比重、
粒度或形狀不同之各種廢棄物，放置於傾斜多孔之振動板上
或篩網頂部，再用空氣或水由下朝上透過多孔板或篩網孔，
使廢棄物中較輕者上浮並向低方向排出，重物則因振動影響，
移動於篩網上而從高方向之一端排出。

圖4-6　慣性分離之方式

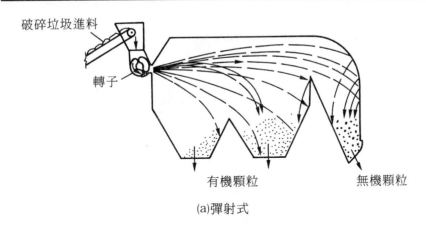

破碎垃圾進料

轉子

有機顆粒　　　無機顆粒

(a)彈射式

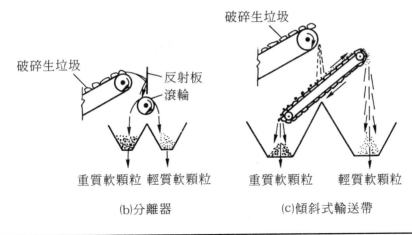

破碎生垃圾

破碎生垃圾　　反射板
　　　　　　　滾輪

重質軟顆粒　輕質軟顆粒

重質軟顆粒　　輕質軟顆粒

(b)分離器　　　　　　(c)傾斜式輸送帶

(g)脈動分離 (pulsating separation)：將不同比重之廢棄物放置於篩網上，再以空氣或水通過篩網，使廢棄物一起脈動並反覆膨脹與收縮，導致重者移動至下層，輕者向上移動之分離方式。

(3)磁力選別 (magnetic separation)：係指利用磁性加以分離鐵系廢金屬之方法，可進一步分為鼓式、帶式及懸式磁力分離，如圖4-7。

圖4-7　磁力分離之方式

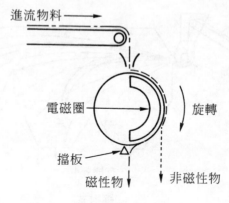

(a)鼓式磁力分離

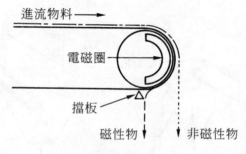

(b)帶式磁力分離

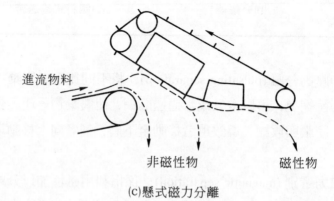

(c)懸式磁力分離

(4)靜電分離 (electrostatic separation)：係指利用各種物質之導電率、集電效果及帶電作用之不同，將金屬、非金屬、塑膠等物質加以分離之方法。此種方法適用於塑膠、橡膠與纖維、紙類等物之選別分離，如圖4-8。

圖4-8　靜電分離之方式

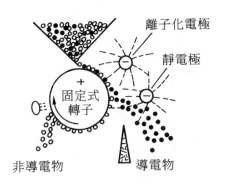

(5)渦電流分離 (eddy-current separation)：本法係將非磁性電導性金屬（銅、鋁、鋅等）置於不斷變化之磁場中，使金屬發生渦電流，因而產生反撥力而分離之方法。

(6)光學分離 (optical separation)：利用物質透光性之不同，而加以分離之方法。應用於從廢玻璃中分離出石頭、陶瓷、瓶蓋、軟木塞等不透光物質，亦可將不同顏色玻璃予以選別，如圖4-9。

(7)磁性流體選別 (magnetic fluid sorting)：利用磁場控制磁性流體之比重，而加以分離鉛、銅等之方法，既可適用於分離表面光滑之廢棄物，亦可選別金屬、玻璃、陶瓷、塑膠等物質。

(8)融解分離 (melting separation)：利用各種金屬之不同融點加以分離之方法。此種方法須耗大量能源，且於操作上必須特別注意安全問題，甚少被採用。

圖4-9　光學分離之方式

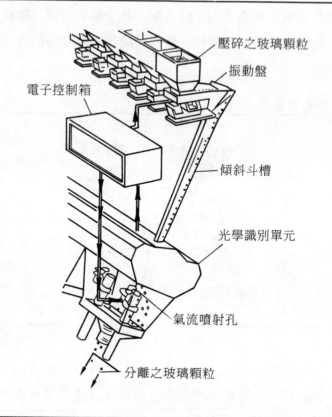

壓碎之玻璃顆粒

振動盤

電子控制箱

傾斜斗槽

光學識別單元

氣流噴射孔

分離之玻璃顆粒

　　(9)溶劑選別 (solvent separation)：利用溶劑將不同溶解度之各種塑膠混合物（如PVC、 PS、 PE、 PP 等）及不溶解夾雜物（如紙、鋁箔等）加以分離，再用水蒸氣蒸餾、減壓乾燥等方式，加以回收溶劑循環使用。

　　(10)半濕式破碎分離 (semi-wet pulverizing classification)： 將廢棄物先均勻潤濕，再利用廢棄物之強度、脆度等性質之不同，同時進行破碎與分離。

3.壓縮 （compression）

　　壓縮之目的係使廢棄物之體積縮小，使其易於清運，並可延長掩

埋場之使用年限，或便於其他處理。例如紙類、鋁罐及寶特瓶等，加
以壓縮成塊，以利清運。對於生垃圾，有些轉運站亦設有壓縮設備，
將垃圾壓縮後裝入大貨櫃車內，以利長途運輸，減少運輸成本。壓縮
機可進一步分成迴轉式壓縮機、雙軸式壓縮機及三軸式壓縮機三種。
壓縮之方式如圖4–10。

圖 4–10　壓縮之方式

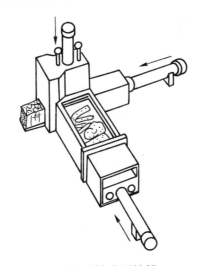

(a)三軸式壓縮機

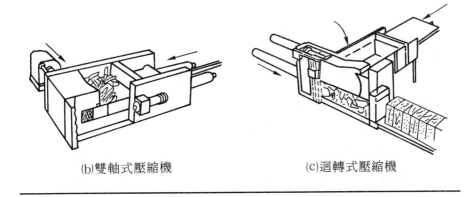

(b)雙軸式壓縮機　　　　　　　(c)迴轉式壓縮機

　　因此在廢棄物清理過程中，上述之各種資源回收或前處理之單元操作可以搭配其他各種處理如圖4-11所示。

圖4-11　垃圾處理過程之前處理搭配方式

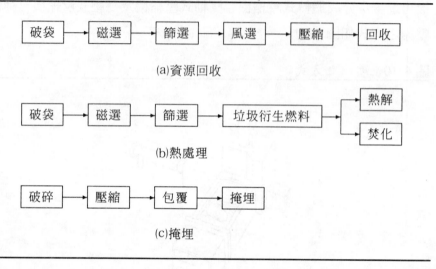

(a)資源回收

(b)熱處理

(c)掩埋

4-2-3　垃圾前處理系統之規劃

　　垃圾前處理系統目前可以分成兩大類，一類為將由零售商或超商回收來已大致分類之資源垃圾進一步依性質分選後壓縮，送交大盤商或製造商回收。另一類為將生垃圾進一步破碎後分選，所產生之物質，可配合後續之焚化或堆肥處理之需要。

　　第一類之資源垃圾回收中心，專門將混合之塑膠罐、玻璃瓶、紙類、鐵罐及鋁罐等做進一步分離的工廠，在美國稱為物質回收中心(Material Recovery Facilities; MRFs)，到1993年止已有二百餘座，其中74.8%在操作營運當中，7.7%在基本設計階段，2.7%在細部設計以及2.3%已關廠。根據統計，東北部地區之MRFs佔全美國總數之41%，其次為中西部及南方，各為20.3%，最後是西部地區，佔18.5%。

表 4-2　美國 MRFs 回收物資之比例分佈

物　資	數　目	比例 (%)
紙類		
舊報紙	202	91.0
舊瓦楞紙	173	77.9
辦公室廢紙	121	54.5
廢報表紙	68	30.6
舊雜誌	49	22.1
牛皮紙	32	14.4
廢信件	20	9.0
其他廢紙	16	7.2
混合紙類	46	20.7
玻璃		
透明玻璃	219	98.6
棕色玻璃	217	97.7
綠色玻璃	216	97.3
混合玻璃	85	38.3
金屬		
廢鋁罐	221	99.5
鍍錫鐵罐	220	99.1
合金罐	199	89.6
廢鐵	28	12.6
非鐵系金屬	14	6.3
白鐵類	14	6.3
廢塑膠		
HDPE	213	95.9
PET	209	94.1
廢膠布	19	8.6
其他廢塑膠	56	25.2
可堆肥物質		
庭院廢棄物	26	11.7
雜草	21	9.5
樹葉	20	9.0
木片	17	7.7
紡織品	6	2.7
其他木材	21	9.5
其他物資		
廢機油	19	8.6
汽車電池	13	5.9
家用電池	12	5.4
廢輪胎	5	2.3
油漆	4	1.8
其他有害廢棄物	5	2.3
其他雜物	15	6.8

* 資料來源：1992–1993 美國資源回收年鑑。

　　各廠總共可以歸納出 36 項回收之物資，包括舊報紙、電腦報表紙、辦公室廢紙、瓦楞紙箱、其他廢紙、舊雜誌、透明玻璃、棕色玻璃、綠玻璃、混合玻璃、鍍錫鐵罐、鋁罐、合金罐、廢鐵、非鐵系廢金屬、PET 廢塑膠、HDPE 廢塑膠、普通塑膠、庭院廢棄物、樹葉、木片、雜草、紡織品、家用電池、汽車電池、廢機油、廢輪胎、油漆料及其他有害之家庭廢棄物等。表 4-2 列出了各種回收物資之比例分佈。處理廠亦可根據自動化之程度劃分為人工導向式 (low-tech) 及機械導向式 (high-tech)。表 4-3 列出了這兩種設計方式之比例分佈。

表 4-3　美國 MRFs 各廠採用人工及機械導向式 MRFs 比例分佈

機械化程度	營運狀況		
	規劃中	操作中	合　計
人工導向 機械導向	54.0%* 46.0	68.0% 32.0	64.9%(144) 35.1　(78)
合計 (%) 總計（個數）	100.0 (50)	100.0 (172)	100.0 (222)

* 縱向欄位之百分比

　　在分選過程中，一般均應用各種物理單元操作來達成各階段之要求。主要之物理單操包括輸送、磁選、破碎、風選、篩選、壓縮、綑綁、造粒等。表 4-4 列出了美國 MRFs 各廠使用物理單操之比例分佈。

　　但臺灣地區尚未有正式之設施在營運中，目前僅臺北市政府資源回收大隊有一座小型之 MRF 以及高雄市政府亦將在楠梓規劃一座MRF。

　　第二類為生垃圾前處理設施 (Mixed Waste Processing Facilities; MWPFs)，在美國已有 35 座獨立之實驗廠，將垃圾衍生燃料販售，或是配合焚化爐當成一座垃圾衍生燃料焚化爐 (refuse-derived fuel incinerator)的前處理工廠。

表4-4　美國 MRFs 各廠採用各種物理單操之比例分佈

物理單操	數　目	百分比 (%)
輸送帶	195	98.5
綑綁	190	96.0
磁選	170	85.9
壓碎	66	33.3
氣流分離	45	22.7
篩選	39	19.7
滾筒篩	34	17.2
壓縮	32	16.2
破碎	30	15.2
渦電流分選	21	10.6
送風	13	6.6
壓平	9	4.5
造粒	9	4.5
抽吸	3	1.5
旋風集塵	3	1.5
穿孔	3	1.5
其他非鐵金屬之分離	1	0.5
其他設備	8	4.0

* 資料來源：1992–1993 美國資源回收年鑑。

4-3　資源回收處理廠實例介紹

本節將介紹一座 MRF 及一座 MWPF，來增進讀者之理解。

【實例一】

美國麻州波士頓附近的一座物質回收中心 (MRF)，如圖 4–12，專門以人工配合全自動機械化之分選設備來將混合之各種資源垃圾，如空牛奶罐、玻璃瓶、鋁罐、鐵罐等，分離後回收。在全美國這類之設

圖 4-12　美國波士頓地區之資源垃圾回收廠圖

圖 4-13　資源垃圾送入分選程序之入口

施共有二百餘座，近年來成長速度驚人，資源垃圾送入廠內後，由推土機定時將資源垃圾推入處理動線入口，如圖4–13，在入口之渠道上方，有設置平衡桿以疏導物流，使其均勻進入。

　　在通過平衡桿後，物流即被導入一上升式之履帶（如圖4–14），先經人工檢視，以排出雜物（如圖4–15），再將物流送入懸掛有金屬垂簾之傾斜履帶（如圖4–16），在資源垃圾中，比較重的垃圾如玻璃瓶等，即可藉由重力穿過垂簾，掉入另一履帶，而較輕之鋁罐、塑膠瓶等，則繼續前進，待進入振動篩選機時（如圖4–17），藉上下左右

圖4–14　資源垃圾送入處理動線

圖4-15　人工檢視雜物並排出

圖4-16　掛有金屬垂簾之傾斜式履帶（斜坡式分類機）

圖 4–17　振動篩選裝置

圖 4–18　壓縮機裝置

之振動，使得小如鋁罐等會掉入振動篩選機平面鐵格柵之下面，大如
牛奶空筒等則順著物流掉入槽中。

　　各種資源垃圾被分開後就被送入壓縮機壓縮成塊（圖4-18），等
待清運。

【實例二】

　　美國佛羅里達州棕櫚灘之焚化廠為一座裝設有資源垃圾分選設備
之工廠，全廠流程如圖4-19(a)及(b)，其垃圾衍生燃料之處理方式為細
破碎及精選等，全廠處理容量可達每月 2000 噸以上，質量平衡及分類
設備如圖 4.20(a)及(b)所示。

　　本座垃圾衍生燃料焚化廠主要由三個生垃圾分選處理動線所構
成，每年可以處理 624,000 噸之生垃圾，每個處理動線之生垃圾先經挑
出巨大垃圾及廢輪胎後進入粗破碎單元，破碎後再進入磁選機吸出鐵
系金屬，再進入篩選機進行物流分離，大於 15 公分（6 英吋）之物品
出流後再進行細破碎即成 RDF，RDF 再經過分級篩精選，可得較佳
品質之小顆粒 RDF，再送到 RDF 貯槽存放。而篩選出介於 5 公分（2
英吋）到 15 公分（6 英吋）之重質物流可進入人工選別站進行人工選
別鋁罐；小於 5 公分（2 英吋）之物流則進入二次氣流分離單元，進一
步回收輕質物流，以增加 RDF 產率。巨大垃圾則可進入巨大垃圾破碎
機，破碎後可經磁選機回收鐵系物質後，併入生垃圾物流一起進入後
續單元；輪胎亦可挑出，進入輪胎破碎機，細破碎後直接變成 RDF。
所有破碎機均有混凝土牆包封，以防止意外爆炸時傷害到工作人員。
程序控制採用可程式控制器 (Programmable Logic Control, PLC)，使各
單元間有互鎖 (interlock) 功能。RDF 送入焚化爐後，可燃燒發電，產
生之廢氣經乾式洗滌塔及靜電集塵器處理後排放。

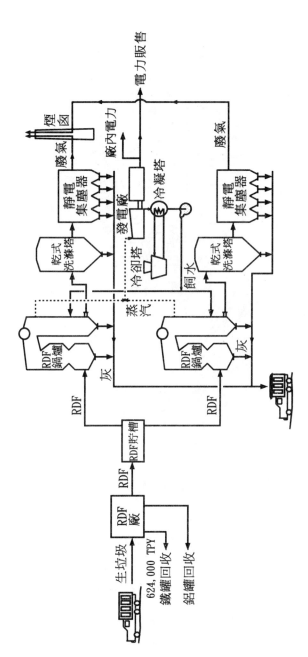

圖 4-19　美國佛羅里達州棕櫚灘垃圾資源回收廠處理流程

(a)全廠處理流程

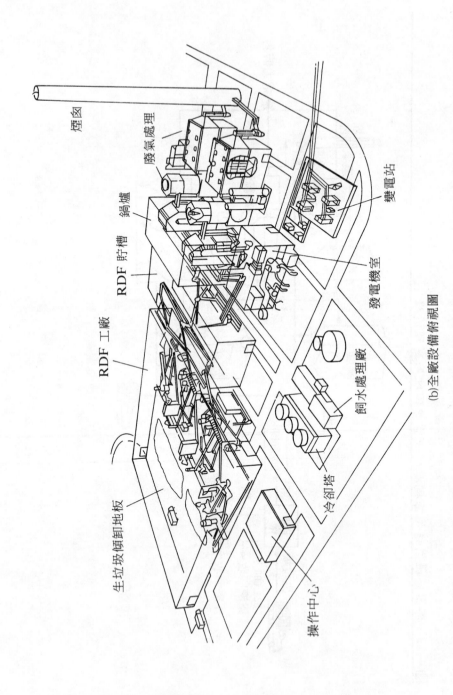

煙囪

廢氣處理

鍋爐

RDF 貯槽

RDF 工廠

垃圾傾卸地板

操作中心

冷卻塔

飼水處理廠

發電機室

變電站

(b)全廠設備俯視圖

資料來源：Keity, T. R., et al. "Resource Recovery in Palm Beach."

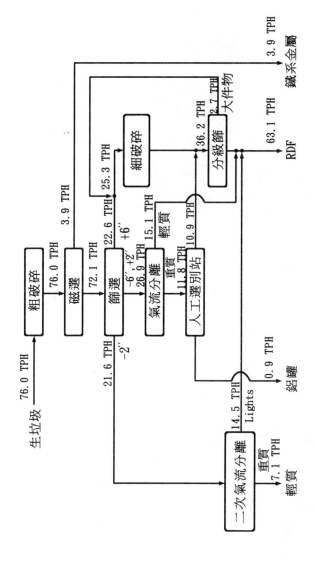

圖 4-20 美國佛羅里達州棕櫚灘垃圾資源回收廠概況

(a)垃圾衍生燃料廠之質量平衡圖

（註：操作過程中蒸發之水分沒有顯示出來）

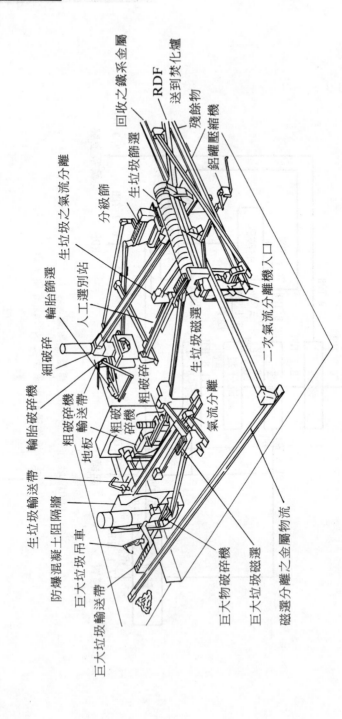

生垃圾之氣流分離

分級篩

生垃圾篩選

回收之鐵系金屬

RDF

送到焚化爐

殘餘物

鋁罐壓縮機

細破碎

人工選別站

輪胎篩選

生垃圾磁選

二次氣流分離機入口

氣流分離

粗破碎機輸送帶

粗破碎機

地板

粗破碎機

生垃圾輸送帶

輪胎破碎機

防爆混凝土阻隔牆

巨大垃圾吊車

巨大垃圾輸送帶

巨大物破碎機

巨大垃圾磁選

磁選分離之金屬物流

(b)單組垃圾衍生燃料之機械構造圖

資料來源：Keity, T. R., et al. "Resource Recovery in Palm Beach."

4-4　資源回收之方式

資源回收可以由下列五種方式加以推動，分別敘述如下：

1.由家戶垃圾分類，垃圾清運系統進行回收

這種方式係以不同之分類袋或容器於丟棄時直接進行分選，再將分類之垃圾袋或桶放置戶外，由清運人員收集後回收，但此法需考慮到民眾之配合意願，以及適當收集點之規劃。

2.由銷售店系統回收廢容器

此法可以法令強制消費者繳納押瓶費，消費完後可到零售店或超商等處退瓶，但押瓶費若太低則有可能無法達到特定之回收率，管理架構龐大，需環保及財稅單位監督配合。

3.在公共場所設立自動退瓶機

此法主要設置廢容器回收機於街道、超商、學校、公園等地方，每次退瓶均可退費，但回收設備費頗高。

4.在各地設立資源回收筒

鼓勵民眾自動將資源垃圾拿到資源回收筒丟棄，再由清運公司進行回收。

5.在適當地點設立回收中心

除了可接受各地零售商送來之廢容器，亦接受清運垃圾單位送來之資源垃圾，再加以分選、壓縮、打包後回收。

以上所討論之各種方式，並非各自獨立，在歐美各國往往採用其中數種方式混合而成，例如美國鄉鎮地區多採第 1,2,3,5 種方式，日本則採用第 1 及第 4 種。我國目前針對廢容器、廢潤滑油、廢電池等分別由業者組成回收基金會，以政府公共之回收率為目標，另外環保署補助及督導各縣市政府推動「資源回收日」，開始由清潔隊協助收集

資源垃圾。

　　近來對於如何運用經濟工具協助資源回收有甚多之討論，可簡述如下：

1.處理稅

　　政府對使用原始原料之廠商課稅，對使用回收原料之廠商免稅，以減緩資源之開採率。

2.補貼

　　包括(a)對利用回收原料來生產之廠商給予補貼，(b)對從事回收業者給予補貼，(c)對購買資源回收機器設備者給予補貼。

3.押金退還制度

　　即目前所推動之押瓶費制度。

4.垃圾稅

　　對某些產品於消費者購買時直接徵收垃圾稅。

5.使用人費

　　對接受垃圾收集、清運服務的居民課徵，可採按戶徵收、按垃圾筒或袋數徵收等方式。

　　因此臺灣地區目前資源回收之推動，多由各種基金會負責，從原有之零售店系統將寶特瓶、酒瓶等實施逆向回收，在垃圾清運系統方面，多由各地之清潔隊員自行進行不同程度之人工選別及回收，有些地區在收集過程即進行，有些則集運至某處，目前僅臺北市資源回收大隊在南港有一套機械分選設備，在各地焚化廠尚未全面營運而掩埋場又多面臨即將飽和之同時，在垃圾分類收集工作不易推動之情況下，生垃圾之分選與物質回收中心之建立，或許可以提供垃圾問題一個較有效之替代方案。惟在工程設計上，仍須注意臭味、噪音及污水的二次公害問題。此外，在未來之「資源回收及再利用法」中，將綜合各種回收基金會之功能，妥善運用五種經濟工具，全面督促產業界及國民進行資源回收。

4-5　垃圾之減量

4-5-1　減量化之意義

　　廢棄物之減量不僅節省了地球之資源，而且也間接節省了廢棄物處理之費用。過去企業對產品之成本計算一般僅包括產品之研發、設計、製造及行銷等費用，對於資源耗竭及產品報廢後之處理成本均未考量，這些間接成本變成由社會成本（即納稅人之稅金）來負擔，要維持社會之公義，必須將這種外部之社會成本內部化，使企業家能在獲利之同時負擔外部社會成本，進而在產品設計時加入「綠色產品」之觀念，以利環境保護工作之推展。因此減量化的意義係將產品之生命週期成本 (life cycle cost) 均計算在內，要比傳統企業產品之成本計算更為完整。

4-5-2　減量化之方案

　　廢棄物減量必須從工業設計與資源回收之互動關係著手，從產品之生命週期考量，朝向廢棄物減量與資源回收著手。因此完整之廢棄物管理架構，應由減量 (Reduction)、再利用 (Reuse)、回收 (Recycling / Recovery) 及再生 (Regeneration) 來規劃，此即所謂 "4R" 之觀念。分別敘述如下：

1.減量

　　即是減少廢棄物之產生，例如在行銷時減少產品之包裝，產品之設計製造時，節省原料之用量，使用無害之原料，以及產品報廢後能

回收大部分之物質等。

2.再利用

再利用係儘量使物品能重複使用，或損壞後可以容易修復，使廢棄物儘量減少，而達減量之目的。

3.再循環

對於資源垃圾如廢容器、廢紙、廢塑膠等，能使其被回收後當成原料，再進入消費體系中，便可節約原生材料之使用。

4.再生

係將資源性廢棄物變成原料而製造新的產品，例如廢塑膠回收後去製造雨衣及雨傘等。或將可燃性之廢棄物焚化或堆肥後回收熱能或肥料。

減量化之方案其實必須包括資源化之考慮，各種可行之方案如下：

1.產品設計時之減量

在產品研發設計時，即考慮到物品包裝之減少，以及廢棄後之回收程度等因子，以生產省資源、耐用、易修理之產品，減少不必要之容器等，並進一步檢討行銷過程。

2.廢棄物排出時之減量

在家戶或工廠排出廢棄物時，可以將一般或一般事業廢棄物中之資源垃圾儘可能回收；工業垃圾方面可以藉由廢棄物之交換進行再資源化之工作，家庭垃圾方面則可經由零售店、超商或回收商系統進行資源回收。

3.收集清運過程之減量化

此為廣義之減量方法，即地方清潔單位在收運垃圾後，可藉著各種物理化學或生物處理技術，儘量回收有用之物質，例如設立機械或人工分選工廠，進行分類回收，於焚化或熱解處理設施處回收能源，於堆肥化或厭氣生物處理設施後回收堆肥或甲烷氣體，或者在最終處置之掩埋場處回收巨大垃圾，配合場址之穩定，進行土地回收再利用。

4.根據資源回收及再利用方案，運用各種經濟工具

　　為了要將經濟誘因納入廢棄物減量及資源回收之工作，可以酌量徵收各種租稅，如資源回收費等，促進產業界加強廢棄物減量及資源回收之決心。

5.配合企業 ISO 14000 之認證，實施減量化之環境管理制度

　　近年來企業界普遍尋求 ISO 14000 認證，以因應未來歐洲共同體和北美自由貿易區之產品輸入要求，但在認證過程中由於必須提出針對產品生命週期中完善之環境管理制度，因此可以將廢棄物減量化之理念加以落實。

4-6　工業減廢

　　工業減廢 (industrial waste minimization) 目的在減少事業廢棄物之產量，以利後續之處理及處置，減低工業發展之風險。工業減廢是減量化之具體作為，也是 ISO 14000 認證中重要之一環。以下從廢棄物減量及資源回收再利用兩個方向去探討。

4-6-1　工業廢棄物減量

　　廢棄物減量可由來源之控制及回收再利用兩方面來探討。來源之控制可由產品之替代、原料之改變、技術之更新、及操控管理之改善來著手，期能減少廢棄物之產量及毒害性。因此，可由以下兩個方面探討：

1.從技術面著手

　　包括了製程之改善，操控系統參數之調整，淘汰無效率之設備以及生產之自動化，減少人為之失誤等。此外亦可採用替代原料、純化

原料或是改善產品品質等。

2.從管理面著手

　　包括成立專門負責工業減廢之部門，擬定廢棄物減量計畫、人事及管理之配合，以及評估各種減量計畫之成本及效益，以供決策部門參考。

4-6-2　資源回收再利用

　　資源回收再利用之執行，可以減少製程中原料之使用量，避免處理及處置之費用，降低生產成本。在策略上，如果技術足夠時，宜優先考慮廠內回收再利用，其次為廠外回收再利用。例如石化廠中常將廢觸媒、廢溶劑等回收再利用，造紙廠將紙漿廢水回收再利用等。當廠內技術、人力及空間不足時，可將廢棄物提供給中下游回收商進一步回收有用之物料。

　　另一方面，廢棄物交換 (waste exchange) 亦為廢棄物減量之一重要方法，其作法上為某工廠之工業廢棄物、副產品、剩餘品等物料可能變成另一工廠之原料，因此若透過適當之交換活動，可以達到廢棄物減量及資源回收之雙重目標，此種工作可由政府或民間來設立專責機構，以公營或民營之方式蒐集或提供資訊。

4-6-3　工業減廢之系統規劃

　　工業減廢計畫之擬定，可依據下列架構進行規劃：

　　(1)工業類別及製程種類

　　(2)廢棄物之種類、特性及數量

　　(3)可使用之減廢技術及成本

　　(4)可採用之減廢管理方案

⑸工廠大環境之限制因子

⑹考量相關之減廢法令

⑺進行減廢決策分析

⑻評估減廢之成本效益

⑼計畫實施與考核

　　工業減廢計畫之成敗關鍵，其實在分析人員能否讓決策者了解計畫之成本效益，若效益大於成本，此乃環保及經濟面雙贏之策略，而評估成本效益必須從系統化之觀點，從宏觀面綜合各種近、中、長程之成本／效益，提出客觀之評估，才能奏效。

4-6-4　我國工業減廢之發展

　　工業減廢係由行政院俞前院長於民國 77 年 11 月 10 日之行政院第 2106 次院會中提出四項有關工業減廢之政策指示：

　　⑴由經濟部與環保署組成輔導小組，進行工業減廢觀念之宣導及對工業界之輔導。同時國營之台電、中油、中化等企業應率先推動，並選定示範工廠引進國外先例，以茲示範。

　　⑵環保署應將工業減廢觀念，與最近新修正之廢棄物清理法所增訂廢棄物回收之立法精神統合運作，加強廢棄物之再生利用。

　　⑶應在增訂或修正有關法規時，將工業減廢的觀念納入。

　　⑷工業減廢為環保與經濟兼顧之具體措施之一，經濟部應呼籲工業界全力配合。

　　隨後經濟部依指示擬定「經濟部暨環保署工業減廢聯合輔導小組設置要點」，並於民國 78 年 4 月成立聯合輔導小組，以負責推動工業減廢各項業務。目前國內推動之工業減廢之七大策略為：

1.政策法增（修）訂

　　⑴工業減廢政策之制定。

⑵相關環保法規之增（修）訂。

⑶工業發展法規之增（修）訂。

⑷相關勞工安全衛生法規之增（修）訂。

2.技術輔導

⑴分年選擇行業、工廠示範輔導及建立本土化減廢化技術。

⑵提供廢棄物交換資料。

⑶編印工業減廢技術手冊，供各界參考。

⑷建立工業減廢技術諮詢服務體系。

3.資訊建立

⑴建立工業減廢資訊電腦系統，包括圖書籍人才資料庫。

⑵建立資訊服務中心。

⑶發行相關刊物，內容包括工業減廢管理及技術。

4.經濟誘因

⑴積極性給予優惠獎勵，如融資貸款、基金輔助款及稅捐減免等以鼓勵業界執行工業減廢。

⑵研究消極懲罰性的措施，如污染物排放費、污染保證金等，以加速業界推動工業減廢之決心。

5.稽查管制

建立污染稽查及管制制度，包括：

⑴強化稽查人力與訓練。

⑵訂定稽查項目及依據。

⑶訂定管制辦法及處罰條例。

6.研究發展

⑴建立本土化之技術為原則。

⑵研究方向之訂定，可分為下列五項：

　(a)原料替代、製程與設備改善技術

　(b)清淨製程技術

(c)廢棄物再利用與資源化技術

(d)自動化與省能源技術

(e)產品設計技術

(3)依理論及基礎研究與技術研究兩方面予以分工，避免人力、時間、經費等之浪費，並於最短時間收到最大之效益。

(4)充裕研究經費，進行成果應用及技術轉移，以加惠工業界。

7.宣導訓練

(1)加強宣導工業減廢之理念。

(2)提供完整之工業減廢資訊。

(3)舉辦減廢效益及管理研習會。

(4)舉辦減廢方法及技術研習會。

(5)成立現代科技研習會。

(6)舉辦減廢成果展覽及發表會。

(7)舉辦工業減廢績優工廠及個人表揚。

根據經濟部工業局工業減廢聯合輔導小組之統計，工業減廢實施多年來，已頗具成效，例如民國82年時曾有全面統計之成果資料，如表4–5所示。

4–7　結語

在多元化之廢棄物處理策略中，廢棄物減量及資源回收已變成愈來愈重要之工作，俚語云「預防甚於治療」，若能達到預防廢棄物產生之「污染預防」(pollution prevention) 境界，遠比廢棄物產生之後再想辦法開發各種技術去處理及處置要來的重要。對企業界而言，追求ISO 14000 之認證必須要重視廢棄物減量與資源回收，提出環保與經濟雙贏之策略，才能面對下一世紀之挑戰。

表4-5 公營企業工業減廢執行成效分析表

民國 82 年

事業單位名稱	減廢類別	總效益 (萬元 / 年)
台電公司	・採用無污染或低污染原料 ・煤灰資源化	*
中鋼公司	・爐石資源化 ・廢酸資源化 ・製造礦泥資源化	5,200
中油公司	・廢水減量 ・廢氣減量 ・廢觸煤資源化 ・油泥、油渣資源化	51,053
中化公司	・廢氫氣回收再利用 ・氧氣回收利用 ・廢硫酸溶液回收	4,460
中化公司高雄廠	・廢鹼液回收 ・製程改善	5,560
中化公司大社廠	・廢水減量 ・廢氣減量	2,322
中化公司頭份廠	・廢氣減量	*
中化公司小港廠	・廢料資源化 ・廢氣減量	700
台糖公司	・製程設備改善 ・廢水再生與利用	*
台糖公司屏東副產廠 （各糖廠、小糖廠）	・廢物回收	*
台糖公司各廠場	・廢棄物再利用	*
台肥公司花蓮廠硝酸工場	・廢氣減量	1,350
台肥公司高雄廠硝酸工場	・廢氣減量	1,125
台肥公司苗栗廠尿素工場	・粉塵回收	600
台肥公司苗栗廠第一尿素工場	・粉塵回收	60
台肥公司新竹廠美耐明工廠	・廢水減量 ・降低物料使用 ・美耐明廢渣資源化	965
台肥公司南港廠	・氨氣回收	*
台肥公司基隆廠	・活性碳回收	180
合　　　計	—	73,566

資料來源：工業減廢聯合輔導小組

習　題

4-1　試說明 "4R" 之意義？

4-2　試說明工業減廢之意義？

4-3　試說明廢棄物減量化實施之方式？

4-4　試說明廢棄物分選常用之單元操作處理技術？

第五章 焚化

5-1　前言

焚化 (incineration) 為廢棄物中間處理技術之一種，且為應用廣泛、發展成熟的一種技術。焚化處理為利用高溫之環境，將廢棄物中之可燃物轉換成為氣體及殘渣之方法，具有下列之優點：

(1)去除毒害性：能消滅病菌及其他有機物。

(2)體積之減少：經過焚化後之殘灰，體積大幅減小，可節省後續掩埋所需之費用。

(3)資源之回收：焚化所產生之廢熱可以進行蒸汽或電力回收。

但焚化處理亦有若干缺點：

(1)成本較高。

(2)操作複雜。

(3)操作人員素質要求高。

(4)仍有二次公害之疑慮。

雖然如此，焚化處理仍然成為世界各先進國家處理廢棄物之主要方法，值得大家重視。

5-2　焚化處理之基本原理

5-2-1　燃燒反應

燃燒反應為一種快速氧化反應，氧化物即是不可缺少之物質，最普通之氧化物即為空氣中之氧氣，空氣中之氧氣約佔21%，其餘為氮

氣（約佔 79%）及少數氣體（不及 1%）。在以空氣為氧化物之燃燒反應中，氮氣不直接參與氧化反應，但卻會影響系統之燃燒溫度及污染物之產生。為了增進對燃燒之了解，先以甲烷燃燒說明如下：

最單純之燃燒反應莫過於甲烷之燃燒，其反應式如下：

$$CH_4 + 2O_2 \rightarrow CO_2 + H_2O$$

一個克摩耳 (mole) 的甲烷與二個克摩耳氧氣反應產生一個克摩耳之二氧化碳及二個克摩耳之水。但若以空氣中之氧當成主要之氧化物時，則反應式變為：

$$CH_4 + 2O_2 + \frac{79}{21} \times 2N_2 \rightarrow CO_2 + 2H_2O + \frac{148}{21}N_2$$

由上可知，在廢棄物燃燒時，其成分複雜，通常含有碳、氫、氧、氮、硫、氯等元素，以及水分，故一般之反應均相當複雜，化學家們曾以數百個反應式來描述其反應機制 (mechanism)，然而若以一直接之概念式來表達時，可以將廢棄物之化學分子結構寫為 $C_xH_yO_2N_uS_vCl_w(H_2O)_q$，則燃燒反應之通式可以變為：

$$C_xH_yO_2N_uS_vCl_w(H_2O)_q + \left(x + n + v - \frac{1}{2}z\right)O_2$$

$$+ \frac{79}{21}\left(x + n + v - \frac{1}{2}z\right)N_2 \rightarrow (2n + q)H_2O + wHCl + vSO_2$$

$$+ \left[\frac{1}{2}u + \frac{79}{21}\left(x + n + v - \frac{z}{2}\right)\right]N_2$$

上式中之 x, y, z, w, u, v 及 q 為碳 (C)、氫 (H)、氧 (O)、氮 (N)、硫 (S)、氯 (Cl) 及水 (H_2O) 在廢棄物中之克摩耳數。而 n 定義為：

$$n = \begin{cases} \dfrac{1}{4}(y - w) & y > w \\ 0 & y \leq w \end{cases}$$

由上可知，在廢棄物之化學元素分析完成後，一般可以根據下式來推估燃燒時所需之理論空氣供應量：

理論需氧量　$V_O = 22.4 \left(\dfrac{C}{12} + \dfrac{H}{4} + \dfrac{S}{32} - \dfrac{O}{12} \right)$ [Nm³/kg垃圾]

理論需空氣量 $V_a = \dfrac{V_O}{0.21}$ [Nm³/kg垃圾]

上式中 $C, H, S,$ 及 O 為每公斤生垃圾中所含之碳、氫、硫及氧之量，使用上式之三個假設條件為：

　⑴燃燒反應完全

　⑵空氣中氧佔 21%

　⑶廢棄物中之氧亦參加反應

　　另外，上式所用單位之 Nm³ 代表標準狀態下 1 立方米氣體體積，在我國標準狀態 N 係指氣體在 0℃ 及一大氣壓時之狀態。

5-2-2　"3T"之燃燒法則

　　在實際之燃燒系統中，由於顆粒之接觸表面積有限，以及反應活化能之影響，若僅供應理論需空氣量絕對無法達到完全燃燒之目標，故往往需超量供應助燃空氣，這也就是為何燃燒廢氣中會有過剩含氧量之存在，超量越多，過剩含氧量越高。

　　在燃燒系統之設計方面，所謂 3 個 "T"，即指燃燒溫度 (Temperature)、氣體停留時間 (Time) 以及擾動程度 (Turbulence)，分述如下：

1.燃燒溫度

　　燃燒室溫度之高低影響燃燒之效率，溫度愈高，化學反應愈完全，燃燒效率愈好，然而溫度太高，則會損傷燃燒室之耐火襯砌，易使空氣中之氮氣起反應，產生氮氧化物，一般垃圾焚化之溫度在 800℃ ～ 1,000℃ 之間，有害事業廢棄物之焚化溫度均高於 1,000℃ 以上。

2.氣體停留時間

氣體停留時間愈長則燃燒反應愈完全，燃燒效果愈好，然而氣體停留時間愈長，則燃燒室體積愈大，工程成本愈高。

3.擾動程度

擾動程度愈好則燃燒效率愈高，但所需之助燃空氣量也就愈大，操作成本則愈高。

仔細思考上述之 "3T"，可以發現他們之間的關連性，當所欲達到之燃燒效率一定時，燃燒控制之溫度愈高，則所需之氣體停留時間愈短，擾動程度則變得較不重要。但若氣體停留時間愈長，則燃燒時操控之溫度及擾動程度均可以降低，但若燃燒室之設計體積已經固定之情況下，增加助燃空氣來加強擾動程度，則會降低氣體停留時間及燃燒溫度；故 3T 之間之拿捏，實須綜合設計及操作之狀況，統一研判之。

5-2-3 燃燒效率

燃燒效率 (Combustion Efficiency; CE) 在都市垃圾焚化廠之工程上定義為：

$$CE(\%) = \frac{CO_2}{CO + CO_2} \times 100\%$$

亦即在焚化後煙道氣中二氧化碳 (CO_2) 之含量與一氧化碳 (CO) 及二氧化碳總和之比值。此乃因一氧化碳為燃燒不完全之產物，而二氧化碳為完全燃燒之產物，故在工程上為了方便起見，採用了上述之定義。一般垃圾焚化廠之 CE(%) 大約在 98%～99% 之間。然而在垃圾焚化之效率指標上，CE(%) 並非唯一之指標，其他如殘灰中之含碳量、燃燒廢氣之品質、鍋爐蒸汽之品質、燃燒之溫度、處理容量、及發電比率等均可作為一座焚化廠設計及運轉良窳之指標。

5-3　焚化處理設施之種類及構造

　　在都市垃圾焚化處理技術上，目前已有百餘年發展之歷史，全球各地已有七、八百座焚化廠，目前僅在美國就有近二百座，確實發揮了「安定化」、「衛生化」、「減量化」及「資源化」之四大目標。目前最常見之都市垃圾焚化廠共有五大類，包括有：

　　(1)模組式固定床焚化爐 (modular incinerator)

　　(2)水牆式焚化爐 (waterwall incinerator)

　　(3)垃圾衍生燃料式焚化爐 (refuse-derived full incinerator)

　　(4)旋轉窰焚化爐 (rotary kiln incinerator)

　　(5)流體化床焚化爐 (fluidized bed incinerator)

　　其中以第一種、第二種及第五種在臺灣地區已被使用。其設施之構造分別敘述如下：

1.模組式固定床焚化爐

　　模組式焚化爐係先在工廠內鑄造好，再運到現場組裝後即可使用，施工工期短，但單位造價高，且壽命較短，一般模組式焚化爐單爐容量均不大，由每日可處理數百公斤到每日可處理數十噸均有。模組式固定床焚化爐又可稱為控氣式焚化爐 (controlled air incinerator)，一般可分為兩個燃燒室，第一燃燒室常設計為缺空氣系統 (starved-air system)，而第二燃燒室則設計為超空氣系統 (excess-air system)。所謂缺空氣即助燃空氣未達理論需空氣量，於是燃燒過程變成一熱解系統 (pyrolysis)；而所謂超空氣即供應之助燃空氣超過理論需空氣量，使進入二次燃燒室之廢氣能完全燃燒。模組式焚化爐之所以要如此設計，主要係早期空氣污染防治系統較不發達，而且小型爐亦很少設置昂貴而複雜之空氣污染防治系統，故在第一燃燒室先以小風量在700℃左右

熱解生垃圾，以避免風量過大，將大量不完全燃燒之懸浮微粒帶入第二燃燒室中；同時在第二燃燒室再以輔助燃油及超量助燃空氣將燃燒溫度提高到 1,000℃以上，以完全氧化已被帶入第二燃燒室之不完全氧化之碳氫化合物。另一方面，在第一燃燒室之爐床設計上，模組式焚化爐採用可水平移動之半固定床，定時往前推移，攪拌能力不大，故殘灰中之含碳量較高，其空氣污染防治系統以粒狀污染物控制為主。模組式焚化爐一般多在小鄉鎮、離島、醫院、工廠內使用，操作不若大型水牆式焚化廠複雜，仍有其便利之處。後期所發展之模組式焚化爐亦有兩個燃燒室均採超空氣系統來設計。

　　圖 5-1 為臺中榮民總醫院所採用之模組式焚化爐處理流程。

圖 5-1　臺中市榮民總醫院模組式焚化爐處理流程

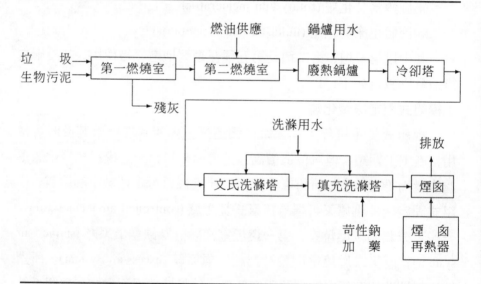

2.水牆式焚化爐

　　大型水牆式焚化廠燃燒室四周均鋪設了鍋爐之蒸發器，內為充滿飼水之金屬管，因此得名為水牆式 (waterwall)，多使用於大都會區之

集中式廢棄物處理系統中，全廠均為現場建造，工期較長，平均建造成本較模組式焚化廠低且使用壽命較長，但操作複雜，全廠構造相當於一座火力發電廠之構造，但有少數設備設計原理不完全相同。一座大型水牆式焚化廠可以分為八個子系統，分別敘述如下：

(1)貯存及進料子系統：本系統由垃圾貯坑、抓斗、破碎機（有時可無）、進料斗及故障排除／監視設備組成，垃圾貯坑提供了垃圾貯存、混合及去除大型垃圾之場所，一座大型水牆式焚化廠通常設有一座貯坑，替3～4座焚化爐體進行供料之任務，每一座焚化爐均有一進料斗，貯坑上方通常由一至二座吊車及抓斗負責供料，操作人員由監視螢幕或目視垃圾由進料斗滑入爐體內之速度決定進料頻率。若有大型物卡住進料口，進料斗內之故障排除裝置亦可將大型物頂出，落回貯坑。操作人員亦可指揮抓斗抓取大型物品，吊送到貯坑上方之破碎機破碎，以利進料。

(2)焚化子系統：焚化爐本體內之設備，主要包括爐床及燃燒室，爐床係爐體之心臟，一般多為機械可移動式火格子構造，可以讓垃圾在爐床上翻轉及燃燒。目前有許多種專利爐床產品。燃燒室一般在爐床正上方，可提供燃燒廢氣數秒鐘之停留時間，助燃之空氣分成兩部分，一部分由爐床下方往上噴入，稱為火下空氣 (underfire air)，與爐床上之垃圾層充分混合，另一部分由爐床正上方噴入，稱為火上空氣 (overfire air)，可以提高廢氣之攪拌時間，此型爐每個爐體僅一個燃燒室。在設計上，火上空氣有時稱為一次空氣 (primary air)，而火下空氣有時稱為二次空氣 (secondary air)。

(3)廢熱回收子系統：此系統包括佈署在燃燒室四周之鍋爐爐管（即蒸發器）、過熱器、節熱器、爐管吹灰設備、蒸汽導管、安全閥等裝置，由於蒸發器排列像水管牆，故本型爐因此被稱為水牆式焚化廠。鍋爐爐水循環系統為一封閉系統，爐水不斷在鍋爐管中循環，經由不同之熱力學相變化將能量釋出給發電機。爐水每日需沖放以洩出管內

污垢，損失之水則由飼水處理廠補充之。

(4)發電子系統：由鍋爐產生之高溫高壓蒸汽，被導入發電機後，在急速冷凝之過程中推動了發電機之渦輪葉片，產生電力，即將凝結之蒸汽被導入冷卻水塔，冷卻後貯存在凝結水貯槽，經由飼水幫浦再打入鍋爐爐管中，進行下一循環之發電工作。在發電機中之蒸汽，亦可中途抽出一小部分做次級用途，例如助燃空氣預熱等工作。飼水處理廠送來之補充水，則可注入飼水幫浦前之除氧器中，除氧器則以機械構造將溶於水中之氧去除，防止爐管腐蝕。

(5)飼水子系統：飼水子系統主要工作為處理外界送入之自來水或地下水，將其處理到純水或超純水之品質，再送入鍋爐水循環系統，其處理方法為高級用水處理程序，一般包括活性碳吸附、離子交換及逆滲透等單元。

(6)廢氣處理子系統：從爐體產生之廢氣在排放前必須先行處理到符合排放標準，早期常使用靜電集塵器去除懸浮微粒，再接濕式洗煙塔去除酸性氣體（如HCl, SO_x, HF 等），近年來則多採用乾式或半乾式洗煙塔去除酸性氣體，配合濾袋集塵器去除懸浮微粒及其他重金屬等物質。

(7)廢水處理子系統：由鍋爐洩放之廢水、員工生活廢水、實驗室廢水或洗車廢水所收集來之廢水，可以綜合在廢水處理廠一起處理，達到排放標準後再放流或回收再利用。廢水處理系統一般由數種物理、化學及生物處理單元所組成。

(8)灰渣收集及處理子系統：由焚化爐體產生之底灰及廢氣處理單元所產生之飛灰，有些廠採合併收集方式，有些則採分開收集方式，在國外有些焚化廠將飛灰進一步固化或熔融後，再合併底灰送到灰渣掩埋場處置，以防止沾在飛灰上之重金屬或有機性毒物產生二次公害。

圖 5-2 說明了臺灣第一座大型水牆式焚化廠──內湖焚化廠之處理流程。

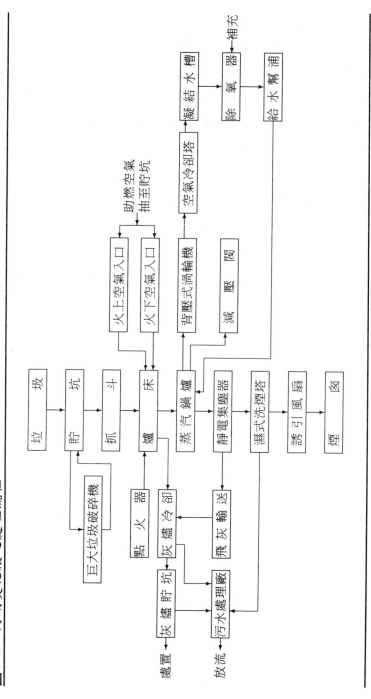

圖 5-2　內湖焚化廠之處理流程

3.垃圾衍生燃料式焚化爐

　　此型焚化廠其實為傳統水牆式焚化廠前，加設一座垃圾前處理工廠，使用破碎、風選、篩選等單元將垃圾之不燃物及不適燃物分離，然後將剩餘之可燃物處理成垃圾衍生燃料（即RDF），然後將RDF以振動機振射入爐體內，在拋落於履帶式爐床之過程中完成大部分之燃燒，故前處理工廠後之焚化廠與一般燃煤電廠非常類似，並不需要設置專利之機械式火格子爐床，僅需用燃煤電廠使用之傳統履帶式爐床即可。其餘之設備與前述之大型水牆式焚化廠均相同。圖5–3以美國佛羅里達州棕櫚灘之RDF焚化廠為例，說明其處理流程。

圖5–3　美國佛羅里達州棕櫚灘之RDF焚化廠流程

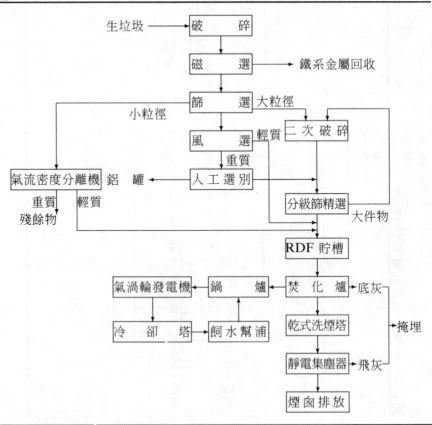

4.旋轉窯式焚化爐

旋轉窯式焚化爐爐體設計上採用兩個燃燒室，例如美國西屋公司之旋轉窯式焚化爐爐體設計上第一燃燒室採用旋轉窯以增強攪拌能力，除此之外，為了有效吸收第一燃燒室釋放出來之能量，旋轉窯之四周佈置了蒸汽管形成圓形水牆。第二燃燒室為直立型，接收第一燃燒室傳來之發氣，以超量之助燃空氣及輔助燃油加以完全燃燒，再導入空氣污染防治系統處理。歐洲丹麥佛楞公司所生產之都市垃圾旋轉窯焚化爐是一極具特色之爐型，在前段之爐床採用機械搖動之火格子爐床，在機械爐床之下游再連接一旋轉窯，將燃燒完之灰燼導入此旋轉窯進行最後之完全燃燒，故此型之焚化爐提供了垃圾較長之停留時間。如圖5-4所示。

5.流體化床焚化爐

流體化床焚化爐可分為氣泡床式、循環床式及渦流床式三種，渦流床式流體化床焚化爐在日本已有許多地方用來焚化都市垃圾，流體化床焚化之原理乃藉由砂介質之良好蓄熱及傳熱特性，使得經破碎後之垃圾能在砂孔隙間完成燃燒，助燃空氣一般由砂床下之風箱由下而上送入砂床，並使砂床向上膨脹，渦流床之設計乃因應垃圾含水量較高，需要較長之停留時間及攪拌程度，故在助燃空氣送入砂床底層後，將爐壁四周設計成曲折型狀，使得上升之空氣碰撞曲折部而往下形成渦流，大大增強了擾動之效果。若能在進料時加入石灰，流體化床本身則成為一座良好之酸性氣體洗滌塔，因此排出之廢氣僅須去除懸浮微粒即可。廢氣可導入下游之廢熱回收鍋爐或冷卻塔，再進入靜電集塵器去除粒狀污染物。蒸汽亦可送到渦輪發電機發電。底灰排出後可以經由振動篩及磁選機進行金屬回收後，可再與飛灰混合進行固化處理。如圖5-5所示。

以上五種垃圾焚化爐型式分類並非絕對的分類標準，有時亦有交叉爐型出現，例如有些焚化爐為模組化之旋轉窯式焚化爐，而有些模

圖 5-4 旋轉窯式焚化爐處理流程

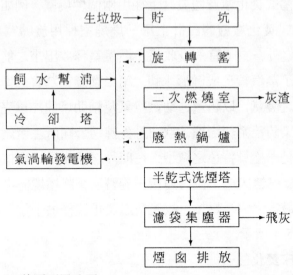

(a)美國西屋公司

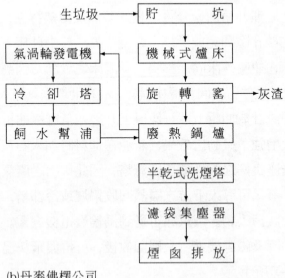

(b)丹麥佛楞公司

組式之焚化爐亦開始加設垃圾前處理設備，變成模組化之垃圾衍生燃料式焚化爐。若不考慮這些少數之交叉爐型，則可以由表 5-1 做一比較。

圖 5-5 流體化床焚化爐

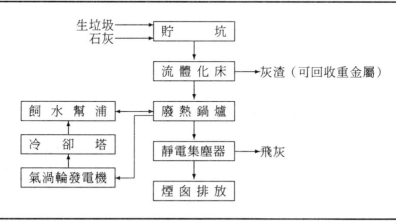

表 5-1 五種垃圾焚化爐型式之比較

比較項目	機械混燒水牆式	模組式	旋轉窯式	垃圾衍生燃料式	流體化床式
主要應用地區	歐洲、美國、日本	美國、日本	美國、丹麥	美國	日本
目前處理容量 (tpd)	大型 200tpd 以上	中小型 200tpd 以下	大中型 200tpd 以上	大型 1,000tpd 以上	中、小型 180tpd 以下
設計、製造及操作維護	已成熟	已成熟	供應商有限	供應商有限	供應商有限
前處理設備	除巨大垃圾外不須分類破碎	因爐體小，無法處理巨大垃圾	除巨大垃圾外不須分類破碎	須全套之前處理	須分類破碎至 5 公分以下
垃圾處理性	佳	垃圾與空氣混合效果較差	佳	佳	佳

5-4 二次公害之預防

　　都市垃圾焚化爐於垃圾處理過程中，亦會產生廢氣、廢水、噪音、臭氣、灰渣及飛灰等二次污染物，本節將詳細探討各種污染物之來源、性質及控制方法。

5-4-1 廢氣處理

　　每噸生垃圾燃燒後，在現有之爐型中，可產生約 4,800～6,200Nm^3 之廢氣，其中含有粒狀污染物、酸性氣體、一氧化碳、二氧化碳、氮氧化物、重金屬及微量有機性污染物如多環芳香烴族化合物 (PAHs)，多氯聯苯 (PCBs)，戴奧辛及呋喃等 (PCDDs/PCDFs)。以下就廢氣中空氣污染物之性質分別討論之。

1.粒狀污染物

　　粒狀污染物之生成乃由於助燃空氣之挾帶而進入煙道氣中，其主要成分為 SiO_2，其次為 CaO、Al_2O_3、Fe_2O_3 等，此外，尚有微量之重金屬沾附於懸浮微粒之表面。一般而言，在爐床上方廢氣中粒狀污染物之濃度與超量之助燃空氣量有關，平均約為 3g/Nm^3。

3.氯化氫

　　氯化氫之形成主要來自垃圾中之有機氯成分，其主要之來源為 PVC 塑膠，由於各地垃圾中含氯之 PVC 塑膠含量差異很大，故焚化後產生氯化氫之濃度各不相同，在大型水牆式焚化廠煙道氣中，紀錄中從 300ppm～1,100ppm 均有。

3.硫氧化物

　　廢氣中之硫氧化物主要以二氧化硫 (SO_2) 存在，亦有一些三氧化

硫 (SO_3)，來源多為原含在垃圾中之硫分轉化而成，但並非所有之硫分均會轉變成煙道氣之硫氧化物。

4.氮氧化物

氮氧化物有兩個來源，一為在垃圾中含有之氮元素，另一為空氣中之氮元素，在空氣中之氮轉變成氮氧化物之生成機構非常複雜，與助燃空氣、操作溫度、垃圾含水率等因素有關。以目前之垃圾燃燒系統，所產生之氮氧化物濃度一般多在150ppm～200ppm 之間。

5.氟化物

廢氣中氟化物主要為氟化氫，因氟化氫多為原有垃圾中微量之氟轉變而來，但比起氯化氫而言，量非常少，故一般酸性氣體之處理多僅考慮氯化氫與硫氧化物。

6.一氧化碳

由於燃燒效率無法達到100%，故煙道氣中均會有少許之一氧化碳，以目前之垃圾焚化爐型式而言，均可將煙道氣中一氧化碳控制於150ppm 之內。

7.重金屬

垃圾中原來就含有少量之重金屬，其中由於鉛、鎘、汞之昇華熱很低，故以氣態之方式存在於煙道氣中，其餘之重金屬則以液態之方式存在於煙道氣中。由於各地垃圾之重金屬含量相差頗大，故各廠煙道氣中之重金屬含量亦不相同。

8.有機性污染物

近來很多人重視垃圾焚化爐有機污染物之排放，其中尤以戴奧辛 (PCDDs) 及呋喃 (PCDFs) 最受重視，其中最引人注意的是 TCDD(Tetra-Chlorinated Dibenzo-p-Dioxins)。TCDD 共有22 種同分異構物，其中以2,3,7,8-TCDD 毒性最強。

以下介紹各種近年來常用之廢氣處理技術:

1.酸性氣體去除設備

酸性氣體之去除可以區分為三種方式：濕式洗滌塔、半乾式洗滌塔及乾式洗滌塔。濕式洗滌塔係將去除過粒狀污染物之廢氣使用鹼液淋洗，來中和廢氣中之酸性氣體，苛性鈉、石灰或消石灰溶液均常被使用，其最大之優點為去除效率很高，對 HCl 之去除率可達 95% 以上，對 SO_2 亦可達 90% 以上。其缺點為產生大量之廢水，且廢氣因已飽和，直接排放會冒白煙，通常須再加熱後才能排放。半乾式洗滌塔係濕式洗滌塔之改良型，其吸收劑多使用石灰泥漿，因半乾式洗滌功能係避免廢水產生，在與廢氣接觸後石灰泥漿中之水分均蒸發完，且產生大量之粒狀物，故處理程序中粒狀污染物去除裝置均設置於後面。在去除效率方面，半乾式較濕式之去除效率稍差，對 HCl 之去除率仍可維持 95% 以上，但對 SO_2 的去除率則達 80% 以上。由於廢氣經粒狀污染物去除設備後，仍可維持在 150°C 左右，故煙囪無須再裝再熱器。半乾式洗滌塔的缺點為石灰泥漿噴嘴易堵塞且洗滌塔壁上易積垢。乾式洗滌塔則將鹼性反應物以乾燥粉末方式噴入反應器，直接和酸性氣體接觸形成鹽類，再進入下游之粒狀污染物去除設備，因此不須耗用太多之水，但若欲達適當之去除率，加藥量須較大，因此飛灰在粒狀污染物去除設備捕集下來後，可以將飛灰循環到乾式洗滌塔中再利用。乾式洗滌塔若配合下游之濾袋集塵器，其去除效率與半乾式洗滌塔相當。其主要原因為濾袋集塵器濾布表面之濾餅可形成一層薄層，將未完全反應之石灰顆粒阻留，使得後續流入酸性氣體在濾布表面再行反應後去除之。

乾式或半乾式之化學反應式：

$$Ca(OH)_2 + 2HCl \rightarrow CaCl_2 + 2H_2O$$

$$Ca(OH)_2 + 2HF \rightarrow CaF_2 + 2H_2O$$

$$Ca(OH)_2 + SO_2 \rightarrow CaSO_3 + H_2O$$

$$Ca(OH)_2 + SO_3 \rightarrow CaSO_4 + H_2O$$

一般濾袋式集塵器使用之濾袋材料有鐵氟龍(Teflon)、鐵費爾(Tefair)（85% 鐵氟龍與15% 玻璃纖維）及玻璃纖維 (Fiber Glass) 三種。茲就三種濾材之特性，如下表：

濾　材	耐熱性 (°C)	耐酸鹼性	氣／布比 (A/C Ratio)	對細微粒狀污染物之收集率	價格	使用實績
鐵氟龍	240	優	1.5	優	貴	多
鐵費爾	250	好	2.5	優	貴	少
玻璃纖維	250	較差	1.2	好	便宜	多

濾材之選擇主要考慮為耐熱性及耐酸性，由上表可知鐵氟龍及鐵費爾及玻璃纖維其耐熱性相差無多，但鐵氟龍之耐酸性則遠優於其他兩種濾材。由於資源回收廠產生之廢氣含有大量之酸性物質，因此基於工程經驗及經濟性的考量，一般常用鐵氟龍為濾袋之材料。

2.粒狀污染物去除設備

粒狀污染物去除設備可區分為：旋風集塵器、文氏洗滌塔、靜電集塵器、及濾袋集塵器四大類。旋風集塵器之構造很簡單，係將煙道氣引入一圓錐體，藉著旋轉過程中之離心力，使粒子撞擊到壁後則順勢滑落，而煙道氣則順勢上升離去，以高效率之旋風集塵器而言，對 $10\mu m$ 以上粒徑之粒狀污染物去除效率可達80%，然而對 $1\mu m$ 以下粒徑之粒狀污染物僅約達 25%，但其設備及操作費均低。文氏洗滌塔乃利用慣性原理，當煙氣進入緊縮之喉部，產生高速之氣流，與噴入喉部之小水滴衝擊，達到去除粒狀污染物之效果，此法對 $1\mu m$ 以下之粒狀污染物可得很高之去除效率，但對煙道氣會產生很大之壓降及產生大量之洗煙廢水。靜電集塵器以矩形鋼質外殼，內含一系列交錯之電極板，通電後可產生電場，當煙道氣通過電場後，粒子被感應而帶負電，而被吸引到電極板。影響靜電集塵器之效率因素包括有氣體

流量、濕度、電場強度、粒子之電阻係數、粒徑分布、氣體粒子濃度及集塵板面積。一般之去除率可達99%以上。濾袋集塵器以物理阻留方式讓煙道氣通過由濾布做成之濾袋中，以完成攔截粒狀污染物之工作，濾袋需定期以清潔之空氣反沖洗，或使用振動方式，使塵粒掉落到集灰斗，再刮除了。濾袋最大之缺點為材質脆弱，對廢氣高溫、化學腐蝕、堵塞及破裂等問題敏感。其材質目前多以玻璃纖維及鐵弗龍混合而成，耐溫效果可達240℃左右。

3.重金屬之去除

　　焚化過程之重金屬將以氣態或固態型式進入煙道氣中，集塵設備僅對固態重金屬有效，對於以氣態型式存在之重金屬則無法以集塵裝置去除，因此須配合噴灑硫化鈉或活性碳粉。通常硫化鈉溶液可由冷卻塔噴入硫廢氣中，與汞蒸氣或氯化汞反應成硫化汞，再由下游之集塵器捕集之。對汞之去除率在50～85%之間，藥品貯存時，其反應如下：

$$HgCl_2 + Na_2S \rightarrow HgS + 2NaCl$$

$$Hg + Na_2S + 2H_2O \rightarrow HgS + 2NaOH + H_2$$

　　活性碳注入法近年來很受歡迎，原因是除了可吸收氣態之重金屬外，亦可吸收微量毒性之有機物質。活性碳之注入點通常在集塵設備上游，可與鹼性藥劑摻混後一起噴入去除酸性氣體之反應槽，將汞以化學吸附法吸入，再由下游之集塵設備移除之。在乾式洗滌塔／濾袋集塵器、半乾式洗滌塔／靜電集塵器，以及半乾式洗滌塔／濾袋集塵器等系統中去除，效率可達99%以上。

4.氮氧化物之去除

　　氮氧化物之去除常用之方法包括：爐內燃燒控制、無觸媒還原法及觸媒還原法三種。

　　(1)爐內燃燒控制法：其中爐內燃燒控制又可進一步區分為下列幾

種方式:

  (a)使用低氮氧化物燃燒機:但僅在啟爐時使用,啟爐後垃圾本身可以維持自燃,因此對系統正常操作下之氮氧化物去除沒有直接關連。

  (b)減少助燃空氣量:然而減少助燃空氣量可能會影響到燃燒效果,反而增加了一氧化碳及有機污染物之濃度。

  (c)廢氣迴流法:利用迴流廢氣降低燃燒室氧氣濃度進而抑制氮氧化物之生成濃度。

  (d)兩階段燃燒法:調整火上及火下空氣比例,形成階段燃燒。

 (2)無觸媒還原法 (Selective Non-Catalytic Reduction, SNCR):本法乃使用氨氣或其他具有氨基之化學品(如尿素)直接注入燃燒室內,一般以氨注入法較常用,將氨注入時可在適當之高溫範圍 (850°C～950°C) 將氮氧化物還原成氮氣。在化學計量比約在 1:4 以及反應效率約在 50%～60%左右,足以使廢氣中之氮氧化物降至排放標準以下。然而氨氣須以液氨方式貯存,是工業安全上可能發生化學災害之來源,在設計及操作時均須十分謹慎。此外,若廢氣處理各單元有漏氣之情形時,則氨氣可能會造成臭味,造成二次公害。

 (3)觸媒還原法 (Selective Catalytic Reduction, SCR):本法以觸媒床裝設於煙道氣排出煙囪,觸媒還原反應有兩種不同的製程,取決於其催化溫度,200°C(低溫反應)或 320°C(高溫反應)。低溫觸媒還原反應製程,有兩個缺點; NH_3 與 NO_x 的反應須要有較大的空間,造成較高的投資費用;而低溫反應亦無自清的作用,若觸媒吸附了重金屬物質,必須加以再生,否則即失去其效用。

 其主要觸媒反應如下:

$$4NO_x + 4NH_3 + O_2 \rightarrow 4N_2 + 6H_2O$$

自濾袋式集塵器出口的廢氣溫度約為 140°C,在進入觸媒還原反

應器之前，先由再生式加熱器 (regenerative heater) 將未經處理的廢氣之溫度加熱至 290°C，再用柴油燃燒器將廢氣加熱至 320°C，使達反應之最佳溫度，注入氨液後共同經過觸媒室使其充分反應去除廢氣中之 NO_x 氣體。本法主要處理設備，計有：

(a)再生式熱交換器

(b)柴油燃燒器

(c)氨氣注入室

(d) SCR 反應器

(e)氨氣混合室

(f)氨氣稀釋送風機

5.戴奧辛及呋喃之去除

目前對於戴奧辛及呋喃之控制，多以燃燒控制法及加藥去除法為主，燃燒控制之準則以「燃燒溫度維持在 850℃ 及氣體停留時間不少於 2 秒」目前在臺灣應用最廣，此外，在集塵裝置前注射活性碳粉及特殊助劑來輔助去除戴奧辛 / 呋喃亦為國外常使用之方法。

選擇一最佳的廢氣處理系統，必須考量的因素包括能源消耗、化學品的消耗量、建廠的投資金額及將來運轉維修的費用等。其評估基本假設資料如下：

1.水的消耗量

三種製程所需用水量比較，如下所示：

乾式系統	60%
半乾式系統	65%
濕式系統	100%

2.能源的消耗量

能源的消耗量乃是由於廢氣處理過程壓降所引起，需以泵及空氣壓縮機作為動力來源。以評估為目的，三種製程之能源消耗比較，可以如下所示：

乾式系統 ($Ca(OH)_2$)	80%
半乾式系統 (CaO)	88%
濕式系統 (CaO)	100%

3.生成物產量

生成物包括飛灰及反應生成物，若只考慮反應生成物時，其重量比例如下：

乾式系統	$150\sim270\%$
半乾式系統	$130\sim230\%$
濕式系統	100%

若同時考慮飛灰及反應生成物時，其比例為：

乾式系統	$130\sim200\%$
半乾式系統	$110\sim180\%$
濕式系統	100%

4.建造投資費用

投資費用不包括土建部分，只針對噴霧式冷卻器及濾袋式集塵器，其相對比較費用如下：

乾式系統	77%
半乾式系統	92%
濕式系統	100%

5.操作上可靠度

乾式與半乾式系統在操作上，較濕式系統有如下的優點：

(1)較少設備

(2)反應生成物腐蝕性較低

(3)操作簡便

(4)操作上可靠度較高

6.綜合結論

處理系統	用水需求	電力消耗	反應生成物	反應生成物（含飛灰）	投資費用	可靠度
乾式處理系統	60%	80%	150～270%	130%～200%	77%	操作簡單可靠度高
半乾式處理系統	65%	88%	130～230%	110%～180%	92%	操作簡單可靠度高
濕式處理系統	100%	100%	100%	100%	100%	操作簡單可靠度低

　　三種系統中以濕式系統效能最佳，但三種組合在正常操作下都能符合環保法規之要求。

　　無論採用那一種方式，一般廢棄物焚化廠之排氣品質，必須要滿足我國環保署所公告之「一般廢棄物焚化爐空氣污染物排放標準」，如表 5-2 所示。

5-4-2　廢水處理

　　一般都市垃圾焚化廠之廢水來源為鍋爐之洩放廢水、冷卻水塔之冷卻廢水、飼水處理廠之反沖洗廢水、員工生活廢水、清洗廢水以及洗煙廢水等。鍋爐之洩放廢水為高溫廢水，在進入污水處理廠前必須先予以降溫，冷卻廢水、反沖洗廢水及洗煙廢水等為無機廢水，而員工生活廢水及清洗廢水等為有機廢水，在處理方法之設計上，一般均採分別處理之方式，即無機廢水先進行物理化學處理（如泥凝沈澱），再與有機廢水合併，進行生物處理；處理完後若欲達民國 87 年放流水標準，則可能還須再進行高級處理，目前許多焚化廠均已採用「廢水零排放」之觀念，將處理完之廢水回收再利用，再利用之用途包括洗車、澆花、洗煙、消防等次級用途。

　　茲將資源回收廠依廢水八項來源及特性分列於後：

1.垃圾貯存坑廢水

　　垃圾貯存坑廢水隨垃圾之含水量及季節變化之不同而有所不同，

表 5-2　一般廢棄物焚化爐空氣污染物排放標準

標準值項目　　類別	處理量2公噸/小時(不含)以下之新設或既存焚化爐	處理量2~10公噸/小時之既存或新設焚化爐	處理量10公噸/小時(含)以上既存焚化爐	處理量10公噸/小時(含)以上之新設焚化爐
不透光率 (%)	20	20	20	10
粒狀污染物 mg/Nm³	220	依排氣量換算 $C = 1364.2Q^{-0.386}$		
硫氧化物 ppm（以 SO_2 表示）	300	220	150	80
氮氧化物 ppm（以 NO_2 表示）	250	220	220	180
氯化氫 ppm	60	60	60	40
一氧化碳 ppm	350	350	150	120
鉛及其化合物 mg/Nm³	7	3	3	2
鎘及其化合物 mg/Nm³	–	0.7	0.5	0.3
汞及其他合物 mg/Nm³	–	0.7	0.5	0.3
其他污染物	依相關規定標準值			
備　　註	一、鉛、鎘、汞及其化合物之標準值含固氣相。 二、依公式 $C = 1364.2Q^{-0.386}$ 所得 C 值如大於 220 時以 220 訂為容許排放值。 三、一氧化碳標準值為一小時平均值。 四、各項污染物之排放標準值除另有規定外係指測定方法中所規範之採樣時間平均值。 五、各項污染物之測定，如採自動連續測定法，除另有規定外，以一小時平均值為標準值。 六、同一廠區內如同時有數座焚化設備，則以各焚化設備處理量之總和作為適法依據。			

其所含有機物質濃度非常高，且生化需氧量(BOD)為20,000～50,000 mg/l，重金屬含量為100～200mg/l，總氮量為500～20,000mg/l，並含難分解之有機物（如木質素等），污染性極高。

2.灰燼貯存坑廢水

灰燼經水冷卻後，貯存於灰燼貯存坑內，其廢水性質隨燃燒狀況而變動，一般燃燒正常情況時，生化需氧量(BOD)約為800～2,000mg/l，懸浮性固體濃度(SS)約為800～1,400 mg/l，並含有重金屬。

3.鍋爐用水處理廢水

鍋爐用水處理系統之多層濾石濾床、活性碳濾床之逆洗廢水及離子交換樹脂設備之定期再生廢水，匯集總成鍋爐用水處理再生廢水，其特性為含有高濃度之有機鹽類，並有酸鹼值高須加以中和調整。

4.鍋爐洩降廢水

鍋爐蒸汽鼓洩降之高溫廢水，含有鐵鹽及磷酸鹽等無機鹽類，因其為高溫廢水之特質，可與其他廢水混合達到冷卻之效果。

5.員工生活廢水

員工生活廢水與一般生活用水無異，生化需氧量(BOD)約為200mg/l，懸浮性固體濃度(SS)約為200mg/l。

6.實驗室廢水

實驗室由於檢驗藥液之特殊性質，富於無機物質，有時亦含有酸鹼值之問題。實驗室產生廢水之量很少，對整廠廢水性質影響不大。

7.垃圾傾卸平臺清洗廢水

垃圾傾卸平臺清洗廢水中，含有油脂，有機性污染物質及少量垃圾殘渣。

8.洗車廢水

洗車廢水與傾卸平臺清洗廢水性質相近，主要污染物質為有機性污染物質、油脂及垃圾之殘渣固體，其生化需氧量(BOD)約為50～200mg/l，懸浮性固體度(SS)約為300～500mg/l。

　　綜合上述各廢水來源及水質水量，詳列各水質參數於表5-3，表5-4 則說明了設計標準及放流水標準。

表5-3　*廢水來源及水質水量*

廢　　　　水		水　量 (m²/d)	溫　度 (°C)	pH	BOD (mg/l)	COD (mg/l)	SS (mg/l)	其他物質
種　　類	來　　源							
滲 * 出 水　垃圾貯存坑廢水	垃圾貯存坑坑底	0 〜 180	10 〜 20	4 〜 6	20,000 〜 50,000	30,000 〜 75,000	500 〜 1,000	有機性污染物，重金屬
處 理 流 程 廢 水　底灰貯存坑廢水	底灰貯存坑及出灰系統	0 〜 15	40 〜 60	8 〜 12	800 〜 2,000	1,500 〜 8,000	800 〜 1,400	重金屬
鍋爐用水處理場廢水	鍋爐用水處理場	15	10 〜 20	9 〜 11	－	－	－	可溶性鹽類
鍋爐洩降廢水	鍋爐蒸汽鼓	10	50	10 〜 11	－	－	－	磷酸鹽等無機鹽類
實驗室廢水	實驗室	5	20 〜 30	3 〜 11	－	－	－	可溶性鹽類、酸鹼液
生 活 及 清 洗 廢 水　員工生活廢水	垃圾焚化廠	30	20 〜 30	6 〜 7	200	300	200	
垃圾傾卸平臺清洗廢水	垃圾傾卸平臺	10	10 〜 20	6 〜 8	100 〜 200	150 〜 300	100 〜 200	油脂、有機性污染物、垃圾殘渣
洗車廢水	洗車場洗車設備	150	10 〜 20	6 〜 8	200 〜 300	300 〜 450	300 〜 500	油脂、有機性污染物、垃圾殘渣

* 廢水量係以 1,350 公噸/日焚化廠為估計基礎。

表 5-4　廢水處理廠設計標準

水質參數	單位	灰燼廢水處理場 進流水質	主廢水處理場 進流水質	廢水處理場出流水質 （回收再用水）	87 年放流水標準
pH 值		8~14	6~9	—	6.0~9.0
溫度	°C	40~60	10~40	—	35 以下
懸浮性固體	mg/l	800~1,400	100~2,000	5	30
總溶解性固體	mg/l	10,000~20,000	1,000~10,000	—	—
氯	mg/l	4,000~8,000	500~8,000	—	—
硫酸鹽	mg/l	10~1,400	10~1,400	—	—
五日生化需氧量	mg/l	800~2,000	200~1,000	30	—
化學需氧量	mg/l	1,500~8,000	400~2,000	—	100
鎘	mg/l	0.1~2.1	—	0.1	0.03
銅	mg/l	2.7~8.3	—	1	3
鉛	mg/l	6.6~160	—	0.5	1
鎳	mg/l	0.7~2.7	—	0.5	1
鋅	mg/l	10~169	—	1	5
硼	mg/l	47~110	—	—	1
鐵	mg/l	1.0~53	—	5	10
錳	mg/l	0~4.3	—	—	10
日平均量	m³/d	40	250	—	—
尖峰量	m³/h	2	38	—	—

5-4-3　臭味之控制

　　焚化爐臭味之來源主要為垃圾貯坑、垃圾傾卸區、廢水處理系統等地方。臭味控制之方式一般在設計時將垃圾貯坑設計成密閉式，每個傾卸門均採自動啟閉，開啟時傾卸門上方設有氣幕，隔離內外空間，此外在操作時將助燃空氣之吸風口設置於垃圾貯坑上方，使貯坑產生之臭味可以在焚化爐內處理，由於煙囪排氣已造成爐體內有些微之負壓，故在貯坑內抽氣助燃將保證貯坑之臭味不致外逸。廢水處理槽產生之臭味可以藉著加蓋來預防，並抽取蓋內之臭味，送到化學洗滌器吸附中和，或活性碳吸附塔處理之。

5-4-4　噪音之控制

　　都市垃圾焚化廠噪音之來源包括幫浦、鼓風機、蒸汽管、渦輪發電機及吊車等設備，設計時可以從流速之控制、防震平臺、集中隔音等考量加以預防。

5-4-5　灰渣之處理

　　都市焚化廠底灰之來源為垃圾中之砂土、玻璃、金屬等不可燃物質，主要成分為氧化矽、氧化鐵、氧化鋁及鈉、鉀、鎂、鈣等金屬氧化物。底灰之殘留有機物代表不完全燃燒之結果。而飛灰多自鍋爐過熱器、節熱器、飛灰集灰斗、冷卻塔、半乾式洗滌塔以及集塵設備收集而來，其成分除了氧化矽、氧化鈣、氧化鋁及氧化鐵外，尚有微量之重金屬、有機污染物、未反應完全之鹼性藥品及反應物等。為了防止運送飛灰及底灰之卡車在沿路上塵粒被風吹走，一般出發前均以污

水處理廠回收水潤濕後，再運走。目前有一些文獻認定焚化廠之飛灰為有害事業廢棄物，必須先行固化後再掩埋，國內一些焚化廠已有預留空間，等以後加裝固化設備時使用。

5-5 焚化廠處理設施之規劃

都市垃圾焚化廠之工程規劃作業是焚化處理相當重要之一項工作，本節將詳細說明如下。

5-5-1 廠址之調查及評選

廠址之評選須考慮各項工程因素、環境因素、及其他社會經濟因素；工程因素主要包括土地之大小、廠址附近之地形、地質條件以及自來水、電力及通訊等設施，甚至區域排水、防洪設施及聯外道路等因子亦須一併考慮。環境因素在環境影響評估中包括有廠址之氣象、空氣品質、地面水、地下水、噪音、交通、生態、古蹟及景觀等。其他社經因子則有人口分佈、土地所有權、民眾反應及相關開發計畫等情形。廠址之評選為環境規劃與決策分析之重要項目，上述之因子必須以系統化之觀點進行層級式之分析探討，才能客觀的挑選適當之廠址。然而在臺灣地區目前廠址評選作業涉及政治面之因素遠大於科學面之因素，以致於無法很客觀地去思考選址之問題。

5-5-2 焚化廠設廠規模

影響焚化廠設計容量之因素主要為服務區內人口之消長：每人每日垃圾產量、資源回收之執行程度及垃圾清運率等因子。根據以上資

料可進一步配合使用年限、投資效益及廠址面積等因素來決定設廠規模。

5-5-3 設計用之垃圾性質

垃圾性質之訂定可參考各種現況資料、政府機關之年報等相關報告，必要時進行採樣分析，以掌握當地之垃圾特性，同時亦須考慮未來影響垃圾性質之因素，包括區域發展之潛力，資源回收之推動、熱值之成長等因子，來訂定在計畫目標年時焚化廠服務區內垃圾性質之設計範圍及操作範圍，方可確保操作容量儘可能接近設計容量，並且達到既定之能源回收效率及環保標準。

5-5-4 處理流程之選擇

1.焚化系統規劃

焚化處理方式包括有機械混燒式（水牆式）、模組式、旋轉窯式、流體化床式及垃圾衍生燃料式等五種型式，依各地區之特性，可以先進行爐型評選，待爐型選定後，可以進一步決定爐數及建廠空間之配置。

2.鍋爐系統規劃

鍋爐系統為一種高溫廢氣冷卻之方式，有些小型焚化廠沒有設置鍋爐，則可採用直接噴水冷卻法或以助燃空氣進行熱交換方式降溫。鍋爐系統之選擇多需依靠製造商之技術資料，目前都市大型垃圾焚化廠均採機械混燒式爐床配合水管牆式鍋爐，其鍋爐水與蒸汽在管內，高溫廢氣在管外，水管牆鋪設時管間以薄膜壁或鋼片焊接，形成一片連續水管壁，除此之外，尚需配合過熱器來產生高品質之蒸汽以及節熱器來提高鍋爐之效率。在鍋爐系統中最重要之考量是能源回收，回

收方式有兩種，一種是蒸汽用途，另一種是發電用途。蒸汽可供鄰近工廠、社區、公共設施等使用。發電用途則是目前最主要之應用，渦輪發電機之種類可分為凝結式、抽取式與背壓式三種，不論那一種方式均會搭配抽取式自汽輪機外殼抽出蒸汽導入廠內其他熱交換系統，如空氣預熱器來提升整體效率。目前國內大部分大型都市垃圾焚化廠均選用凝結式渦輪發電機為主，另外飼水處理之程序亦可配合鍋爐水循環系統一併規劃之。

3.廢氣處理系統規劃

典型之垃圾焚化廠廢氣處理系統至少須包括酸性氣體及粒狀污染物控制設備，目前幾種搭配之方式計有：

⑴靜電集塵器／濕式洗煙塔

⑵半乾式洗滌塔／濾袋集塵器

⑶半乾式洗滌塔／靜電集塵器

⑷乾式洗滌塔／濾袋集塵器

在美國之聯邦法規中，目前建議使用第⑵種之系統；此外氮氧化物、汞及戴奧辛之去除，須就焚化系統及廢氣處理系統合併考量之。

4.廢水處理系統之規劃

廢水處理系統需就不同性質之廢水分開收集，並導入不同之處理程序，無機廢水處理完後，可以併入有機廢水程序，以稀釋有機廢水，一般之無機處理程序均以混凝、膠凝、快濾為主，而有機廢水處理多以生物處理為主，常用之生物處理方法有活性污泥法、旋轉生物圓盤法、及其他固定生物膜濾床法。處理完之廢水尚需規劃一回收水再利用系統，否則須考慮排於下水道或其他承受水體之影響。

5.機電及儀控系統

大型垃圾焚化廠尚有儀控系統與機電系統等需通盤考量規劃之。這些設備包括：

⑴垃圾收受系統

　　(a)垃圾及灰燼磅秤

　　(b)垃圾傾卸門

　　(c)粗大垃圾破碎機

　　(d)垃圾吊車及抓斗

　　(e)吊車控制室

　　(f)垃圾貯坑

(2)垃圾進料及爐體系統

　　(a)進料斗及滑槽

　　(b)進料器 (feeder)

　　(c)爐床

　　(d)耐火及隔熱設備

　　(e)爐體結構設備

(3)供氣系統

　　(a)爐體送風機: 一次及二次空氣送風機

　　(b)空氣預熱器

　　(c)管道

(4)熱能回收系統

　　(a)鍋爐主體設備（含水管壁、汽鼓、水鼓、蒸發器、過熱器、
　　　節熱器）

　　(b)洩降器

　　(c)出灰器

　　(d)消音器

　　(e)加藥設備

　　(f)減壓裝置

　　(g)蒸汽管閥

(5)廢氣處理系統

　　(a)乾式／半乾式／濕式洗滌塔

(b)靜電／濾袋集塵器

(c)廢氣抽風機

(d)廢氣再加熱加熱器

(e)管道

(6)汽輪機和發電機

  (a)汽輪機

  (b)發電機

  (c)冷凝器

  (d)潤滑油設備

  (e)修護用吊車

(7)蒸汽、冷凝水、鍋爐給水及冷卻水系統

  (a)管路系統、閥及保溫材料

  (b)空氣冷凝器系統

  (c)脫氣槽及鍋爐給水槽

  (d)鍋爐給水幫浦和其他熱力循環所用之幫浦

  (e)鍋爐用水處理設備

(8)灰燼（飛灰、底灰）、反應生成物及廢鐵回收系統

  (a)鍋爐、集塵器等之飛灰收集設備

  (b)灰燼冷卻及推出設備

  (c)灰燼及廢鐵輸送設備

  (d)磁性廢鐵分離機

  (e)飛灰濕潤裝置

  (f)灰燼吊車及抓斗

  (g)灰燼吊車控制室

(9)輔助燃燒系統

  (a)燃燒器及附屬設備

  (b)燃油儲槽

　　(c)輸送幫浦管線

(10)供水系統

　　(a)一般用水系統

　　(b)消防水系統

　　(c)冷卻水系統

(11)電力系統及設備

　　(a)高、低壓配電系統

　　(b)緊急柴油發電機

　　(c)直流電系統

　　(d)接地系統

　　(e)照明系統

　　(f)弱電系統

　　(g)管線設備

(12)廢水處理系統

　　(a)物理、化學、生物處理設備

　　(b)污泥處理設備

　　(c)污水及污泥幫浦

　　(d)管閥

(13)儀錶及控制系統

　　(a)垃圾燃燒儀控設備

　　(b)廢氣處理儀控設備

　　(c)廢熱回收儀控設備

　　(d)發電及冷凝器儀控設備

　　(e)中央控制室設備

　　(f)火警檢出和消防儀控設備

(14)附屬設備

　　(a)壓縮空氣系統

①動力空氣系統

②儀器空氣系統

(b)洗車設備

(c)鍋爐房通風設備

(d)空調系統

(e)電梯

(f)走道及維修平臺

(g)煙囪

(h)垃圾貯坑之廢水處理系統

(i)操作監視系統

(j)防臭設備

(k)實驗室設備

(l)修護設備

(m)大宗化學藥品系統

(n)連續排放監測系統 (Continuous Emission Monitoring System, CEM)

(15)廠房鋼結構

鋼結構體及操作平臺

(16)公用系統

(a)通信系統

(b)照明系統

(c)消防系統

(d)安全系統

5-5-5 環保相關法規之遵循

一般在執行都市焚化爐工程規劃時，所涉及或需遵循之相關法令

包括有如下:

⑴環保及相關公害防治法令規章

　(a)廢棄物清理法

　(b)事業廢棄物貯存、清除處理方法及設施標準

　(c)有害事業廢棄物認定標準

　(d)一般廢棄物處理設施設置規範

　(e)環境空氣品質標準

　(f)放流水標準

　(g)廢棄物焚化爐空氣污染物排放標準

　(h)空氣污染防制法及施行細則

　(i)水污染防治法及施行細則

　(j)事業廢水管理辦法

　(k)下水道法及施行細則

　(l)噪音管制法及施行細則

　(m)臺灣省固定污染源空氣污染物排放標準

　(n)固定污染源空氣污染防治設施或監測設施之規格、設置、操

　　作、檢查、保養及記錄辦法

　(o)環境影響評估法

　(p)公民營廢棄物清除處理機構管理輔導辦法

　(q)垃圾焚化廠委託操作管理應行注意事項

　(r)其他

⑵廠址調查及設施設置之相關法令

　(a)都市計畫法

　(b)山坡地開發建築管理辦法

　(c)山坡地保育利用條例及施行細則

　(d)風景特定區管理規畫

　(e)土地法及施行細則

　　　　(f)建築法

　　　　(g)電信法

　　　　(h)區域計畫法及施行細則

　　　　(i)森林法及施行細則

　　　　(j)水利法及施行細則

　　　　(k)文化資產保存法

　　　　(l)民用航空法

　　　　(m)電業法

　　　　(n)其他

　　(3)工廠安全衛生之相關法令

　　　　(a)工廠法及施行細則

　　　　(b)工礦檢查法

　　　　(c)勞工安全衛生法

　　　　(d)勞動基準法

　　　　(e)其他

　　(4)汽電共生之相關法令

　　　　(a)汽電共生系統規定

　　　　(b)其他

5-6　結語

　　垃圾焚化廠之規劃與設計工作為固體廢棄物處理之核心工作，亦為目前臺灣地區最主要之環保工程計畫，然而其所涉及之專業知識十分廣泛，已涵蓋了土木、機械、化工、環工、及機電控制等各領域，因此必須以系統工程之整合性方式，來完成此項工作。

$$ 習 \quad 題 $$

5-1 試述 "3T" 之燃燒法則為何？

5-2 垃圾焚化廠目前之燃燒效率之定義為何？有何工程上之意義？

5-3 垃圾焚化處理設施之種類目前可分為那幾大類？

5-4 試說明水牆式焚化廠之處理流程？

5-5 試說明垃圾焚化廠常用之廢氣處理流程之種類及其功能？

5-6 試說明焚化廠之設廠規模應如何決定？

第六章　掩　埋

6-1　前言

　　廢棄物之掩埋處理係多元化垃圾處理體系中必備之設施，掩埋場除了可以接受生垃圾之外，尚可接納焚化之灰燼、資源回收後之殘餘物或者是提供部分空間供先期堆肥使用。臺灣地區在民國80年以前，大部分之垃圾均採掩埋處理，然而掩埋方式多採河灘地或山谷傾棄式掩埋，未達衛生掩埋標準，因此直接或間接地污染了地表水或地下水。許多醫療及產業廢棄物，在沒有適當及足夠之處理設施情況下，亦多進入了一般垃圾收集、清運及掩埋體系。掩埋場之規劃與設計，實為固體廢棄物處理之重要工作。而掩埋技術本身實為垃圾生物處理技術之一環。

6-2　掩埋場之分類

　　掩埋場若依照掩埋地點來區分，可以分為：

⑴陸地掩埋

⑵海岸掩埋

⑶海面掩埋

　　陸地掩埋為使用最多之一種型式，又可依作業方式之不同進一步區分為：

⑴平面掩埋法

⑵壕溝掩埋法

⑶窪地掩埋法

⑷混合法

如果依照掩埋廢棄物之種類來區分，可以分為：

(1)安定型掩埋：多以處理營建廢棄土、金屬屑、玻璃屑等為主。

(2)封閉型掩埋：多用以處理有害性事業廢棄物及污泥等。

(3)衛生型掩埋：多用以處理生垃圾及無害性灰渣等。

如果將衛生掩埋進一步依照操作方法加以區分，則可以分為：

(1)厭氧性掩埋：即露天傾棄，例如以前之內湖垃圾山及大漢溪沿岸之生垃圾。

(2)厭氧性衛生掩埋：在生垃圾層上方有覆土，例如新竹南寮海灘之掩埋法。

(3)改良型厭氧衛生掩埋：此法即為標準衛生掩埋法，每日之生垃圾均採壓實、覆土，並將滲出水及廢氣加以收集處理。例如臺北市福德坑衛生掩埋場。

(4)準好氧掩埋：此法在收集滲出水之同時，讓空氣能循收集管路進入掩埋場內部。

(5)好氧型掩埋：除了採標準衛生掩埋法之各項措施外，並採強制通風，使掩埋場內部保持好氧狀態。

目前國內比較需要的掩埋設施為處理生垃圾之標準衛生掩埋場，焚化灰渣掩埋場多併入焚化廠工程一起考慮，有害事業廢棄物所需之封閉型掩埋場數目很少，亦為將來需要大力發展之項目，本章將以探討標準衛生掩埋場為主。

6-3　衛生掩埋場之基本原理及設施

生垃圾在衛生掩埋堆內，一般可經過四個時期：

1.好氧階段

在掩埋後數十日內，好氧菌活躍，藉著垃圾堆表層之氧氣，分解

垃圾中之有機物，使其成為穩定之細胞質、二氧化碳、水及能量，直到所有氧氣耗盡為止。其反應方程如下：

$$6(CH_2O)_x + 5O_2 \xrightarrow{\text{好氧菌}} (CH_2O)_x + 5CO_2 + 5H_2O + \quad E$$

$$\begin{pmatrix} 垃圾中之 \\ 有機物 \end{pmatrix} \quad (氧氣) \qquad \begin{pmatrix} 穩定細 \\ 胞質 \end{pmatrix} \begin{pmatrix} 二氧 \\ 化碳 \end{pmatrix} \quad (水) \quad (能量)$$

2.厭氧階段

發生在掩埋後數十日至二百日內，好氧菌滅絕，厭氧菌活躍，將垃圾內之有機物分解為穩定之細胞質、有機酸及能量，直到二氧化碳之產生達最高峯，掩埋堆內之氧氣耗盡為止。其反應方程如下：

$$5(CH_2O)_x \xrightarrow{\text{厭氧菌}} (CH_2O)_x + 2CH_3COOH + \quad E$$

$$\begin{pmatrix} 垃圾中之 \\ 有機物 \end{pmatrix} \qquad \begin{pmatrix} 穩定細 \\ 胞質 \end{pmatrix} \quad (有機酸) \quad (能量)$$

3.沼氣生成階段

大約發生在掩埋後二百日到五百日之間，此時沼氣生成菌可進一步將厭氧階段產生之有機酸分解為穩定之細胞質、沼氣（甲烷）、二氧化碳及能量，直到掩埋場內部溫度不再升高，穩定在55℃左右為止，此時掩埋場之二氧化碳逐漸減少。其反應方程為：

$$2\frac{1}{2}CH_3COOH \xrightarrow{\text{沼氣生成菌}} (CH_2O)_x + 2CH_4 + 2CO_2 + \quad E$$

$$\quad (有機酸) \qquad \begin{pmatrix} 穩定細 \\ 胞質 \end{pmatrix} \quad (沼氣) \begin{pmatrix} 二氧 \\ 化碳 \end{pmatrix} \quad (能量)$$

4.穩定階段

在掩埋後五百日，垃圾中之有機物之完全被分解到穩定狀態，二氧化碳與沼氣之生成量大約相等。

因此我們可以將掩埋後氣體之動態變化畫成圖6-1。

圖6-1　掩埋後廢氣體積百分比之變化

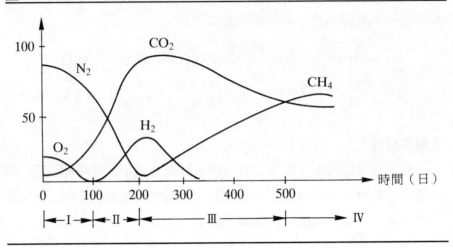

在規劃衛生掩埋法之設施前，需就其採用後可能產生之危險或二次公害加以考慮，諸如病菌、昆蟲、老鼠、飛鳥、飛灰、火災、地面水及地下水之污染等。分述如下：

1.病菌

為了有效控制病菌，必須每日將垃圾整平並壓實，且須嚴格實施覆土外，工作人員須有適當之保護衣物，包括橡皮靴、手套、工作服等。

2.昆蟲

昆蟲之主要來源為廢棄物內之蠅卵，孵化變成蛆，因而產生大量之蒼蠅，造成掩埋場附近之環境衛生問題，因此必須有結實之覆土以阻止蠅卵孵化，每日除了有適當之覆土外，還需確實滾壓，此外，須定期噴洒殺蟲劑。

3.老鼠

老鼠可能由附近之住戶被引來，在掩埋場內打洞築窩，故須經常檢查是否有老鼠洞之分佈，洒佈毒餌，以阻止其大量生長。

4.風吹雜亂物

如果衛生掩埋場覆土不確實，四周沒有圍籬，或無綠帶隔離，一遇上風季，則較輕之垃圾容易被風吹散，故一般衛生掩埋場作業區四周均有裝設活動鐵絲網屏風。

5.飛灰

若長期天旱，則作業區四周之覆土可能會大量隨風飛揚，可以定期以洒水車洒水或者洒佈其他無害之廢液來預防飛灰。

6.火災

掩埋之垃圾若在厭氣狀態，會產生甲烷，若遇火源則易產生火災，一般垃圾山之悶燒多屬此類，因此掩埋堆內須有良好之沼氣收集系統。

7.飛鳥

掩埋場附近經常會吸引大批之飛鳥前來覓食，若附近有機場，將會造成飛航安全問題，此時則須採用各種逐鳥之方法。

8.地面水之污染

若掩埋場附近有河川或湖泊等水域時，掩埋場之滲出水量若大於當地之蒸發量，則可能產生地表逕流污染河川水體，臺灣地區由於雨量豐沛，故須有適當之滲出水收集處理系統。

9.地下水之污染

如果掩埋場之滲出水流入地下水體，而此地下水體又是鄰近地區之水源時，則產生污染之威脅，故在勘選場址時宜就各地之水文地質條件詳加評估，並且施工時宜設置不透水布及地下連續壁加以防範。

由以上之討論可以了解到一座衛生掩埋場必要之設施包括如下：

1.擋土設施

可以將掩埋堆阻隔於場區範圍內。

2.場底之不透水布

可以防止滲出水污染地表或地下水體。

3.滲出水收集處理系統

可以將滲出水系統化地收集並送入污水處理廠處理。

4.廢氣收集及處理系統

收集場內由厭氣反應產生之沼氣，再送到處理設施，若沼氣量不足可以直接燒掉，若沼氣量足夠則可以導入發電機發電，回收能源。

5.圍籬設施

可以防止垃圾飛散及野生動物進入。

6.雨水截流設施

可以將掩埋場四周之雨水截流，防止其進入場區內，造成大量滲出水。

7.地下水觀測井

長期監測地下水水質變化，設置地點宜在地下水流上游未入場區前，及下游流過場區後分別設置，以比較評估。

8.防火設施

若發生垃圾悶燒及沼氣發生火災時可以及時撲滅。

6-4　掩埋場之構造

過去掩埋場之構造，多半取決於當地之地形，一般而言，陸地掩埋法可分為三種構造，包括平面掩埋，壕溝掩埋及山谷掩埋。

1.平面掩埋

在平坦地區自土堤開始直接將垃圾倒下鋪成長窄條，每層厚度可達 1 公尺，且均予以壓實及每日覆土，覆土之厚度可達 15～30 公分，每日之作業區均成為一單體或囊 (cell)，一個接一個直到逐層均填到計畫高度為止。此法亦可適用於崎嶇不平之地區或有斜坡之地區，其構造如圖 6-2 及 6-3 所示。

圖 6-2　平面掩埋場之構造圖

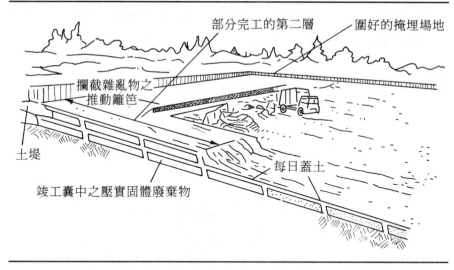

圖 6-3　斜坡掩埋場之構造圖

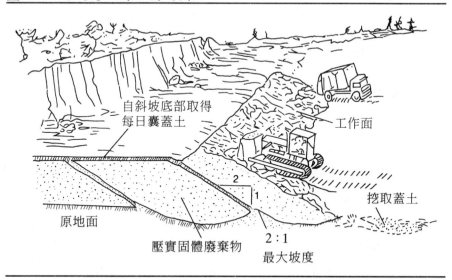

2.壕溝掩埋

當地下水位與地表有相當之距離，且地質條件良好時，可以採用

此法，開始作業時先以機械化設備挖溝，將挖出之土堆溝後成一土堤，再將垃圾倒入溝中，平鋪並予以壓實，如此重覆作業，直到一日終了時，則以鄰近壕溝挖出之土作為每日覆土。如圖6-4 所示。

圖6-4　壕溝掩埋場之構造圖

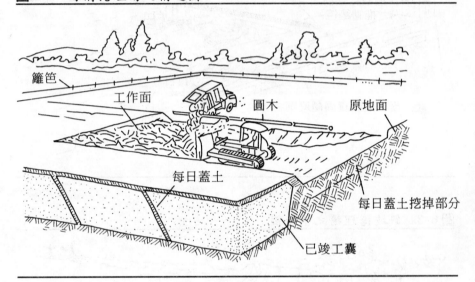

3.山谷或窪地掩埋

　　在天然山谷、人工窪地或乾借土坑等地方開闢衛生掩埋場，可先將底部整地，鋪設不透水布後，再設置滲出水及廢氣收集系統，再逐層往上填埋，谷口處須建立擋土設施以防止垃圾層崩落。此法在平坦地較少之臺灣地區將成為未來掩埋之主要方法。其構造如圖6-5 所示。

　　目前臺灣地區因沿海養殖業大量超抽地下水，造成嚴重之地層下陷，故不少沿海地區之養殖業已停業，產生不少廢棄之人工窪地，在此種潮溼地區，目前亦有考量用來做垃圾衛生掩埋用地之可行性，惟需注意排水問題、土壤滲透及穩定問題，若能配合適量之營建廢棄土，則或許可以成為目前垃圾掩埋之一種應急之替代方案。

圖 6-5　山谷掩埋場之構造圖

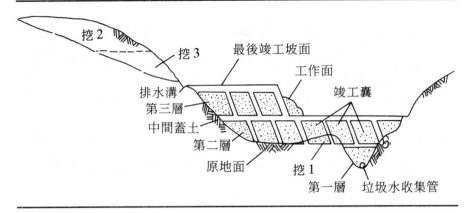

此外，臺灣地區四面環海，許多海岸線逐年有退縮之趨勢，如能在這些地點發展海岸掩埋，不僅可以解決陸地掩埋之地點不足，亦可阻止海岸退縮，創造海岸新生地，可謂一舉數得。

6-5　二次公害之預防與對策

現代化之衛生掩埋場如圖 6-6 所示，必須具備有完善之二次公害防治措施，包括在場區底層設置不透水布，並設置集水管以收集垃圾之滲出水，在不透水布下方須設有地下水導水管渠，以排除暴雨時之地下水流，此外，尚須考慮對垃圾產生之沼氣進行收集、處理及再利用。一座衛生掩埋場主要之二次公害為滲出水及廢氣，本節將分別討論之。

6-5-1　滲出水之防治、收集與處理

滲出水是由垃圾經分解後產生之污水及落於掩埋堆之雨水共同

圖6-6 現代化衛生掩埋場之集水管渠佈署方案

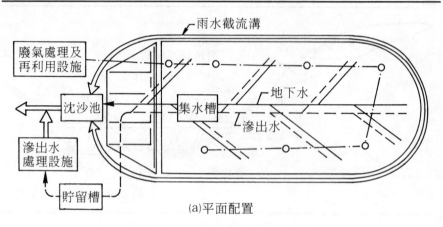

(a)平面配置

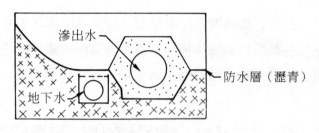

(b)管渠剖面

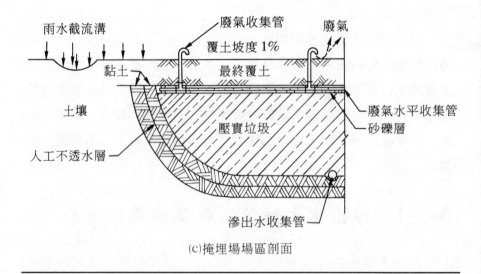

(c)掩埋場場區剖面

混合而成，在氣候乾燥之地區，掩埋場滲出水可能很少；甚至沒有滲出水，但是在臺灣地區，由於垃圾中之廚餘很多，且氣候多雨，故滲出水無論是水質或水量，均造成很大之問題，若未經妥善之收集及處理，極易污染河川。

其防治之方法可由以下四點說明：

⑴保持掩埋場底部與最高地下水位之間距，應至少在 1.5 公尺以上。

⑵在掩埋場周圍設置雨水截留設施，將掩埋場外之雨水及地表水截流並導入下游側，以減少進入掩埋區之水量。

⑶掩埋場底可鋪設滲透性很低之黏土層或人工不透水布，以避免滲出水污染地下水。

⑷將滲出水收集後予以完善處理後再放流。

滲出水之收集可用 PVC 管、蛇籠、混凝土管等設施沿著掩埋囊堆或掩埋區兩側佈置，運用地勢由高而低導流，若使用 PVC 或混凝土管，則必ㄒ在沿線覆以礫石層，以保護管路不致受到重壓而破壞。滲出水由高至低導流到擋土設施之外部後，通常匯集於污水貯留池，再進入污水處理廠。

滲出水之處理為污水處理工程上一項相當大之挑戰，表 6–1 列出了可能用於滲出水處理之各種程序及潛在之問題。臺灣地區對滲出水之處理要求日漸嚴格，為了符合民國 87 年之放流水標準（如表 6–2），新建造之滲出水處理廠一般均採三級處理。其中二級生物處理單元可採用活性污泥處理法、旋轉生物圓盤法或滴濾池法，三級之物理化學處理單元則可採用混凝沈澱法、離子交換法、砂濾法或活性碳吸附法。圖 6–7 為臺北市福德坑衛生掩埋場（臺灣第一座標準衛生掩埋場）之滲出水處理廠流程。該廠設計之基本要求為：

⑴設計之原污水處理容量包括場內垃圾滲出水、員工污水及洗車廢水等三種。

表6-1 可能用於滲出水處理之各種程序

程　序	註　解	可能之問題
物理程序		
– 沈澱	– 低成本	– 僅適用於不溶解物質
– 蒸發	– 具濃縮效應	– 很昂貴；有腐蝕；會形成水垢，耗費大量能源
物化程序		
– 活性碳吸附	– 適用於親水性	– 僅能去除部分污染物，並須熱源再生
– 薄膜技術　逆滲透　微濾法　超濾法	– 分離效用良好	– 濃縮液須最終處置，有結垢問題
– 離子交換	– 對特殊對象離子有效	– 膠體與有機物會互相干擾
– 混凝沈澱	– 常用，對 COD 僅有部分去除效果	– 污泥須做最終處置
化學程序		
– 加氯法		– 會有 AOX 形成
– H_2O_2 氧化法	– 須使用含 2 價鐵之觸媒，並調低 pH 值	– 並非對所有狀況均有效
– O_3 氧化法	– 非常強之氧化劑	– 能源耗費量大，很昂貴
生化程序		
– 厭氧處理	– 不須使用能源曝氣，不會產生污泥	– 生物污泥停留時間長，很敏感
– 無氧處理	– 具脫硝效果	– 須硝化前處理
– 好氧處理	– 最常用之程序	– 對無法生物分解之物質無效
	– 可去除 COD/BOD5，並具硝化功能（NH_3-N 可轉化為 nitrite 和 nitrate）	– 容易受到抑制性物質之影響

表6-2 廢棄物掩埋場滲出水處理廠放流水87年排放標準

項　目	標　準	項　目	標　準
生化需氧量	–	銅	3.0
化學需氧量	200	鋅	5.0
懸浮固體	50	銀	0.5
溫度°C	35	鎳	1.0
氫離子濃度指數	6.0～9.0	砷	0.5
氟化物	15.0	硼	0.5
硝酸鹽氮	50	硫化物	1.0
氨　氮	10.0*	甲醛	1.0
總磷酸鹽	4.0*	多氯聯苯	不得檢出
酚　類	10.0	總有機磷劑	0.5
陰離子界面活性劑	10.0	總氨基甲酸鹽	1.0
氰化物	1.0		
油　脂	10		
溶解性鐵	10.0		
溶解性錳	10.0		
鎘	0.03		
鉛	1.0		
總　鉻	2.0		
六價鉻	0.5		
有機汞	不得檢出		
總　汞	0.005		

註: 除 pH、溫度外，其它分析項目皆以 mg/l 為表示單位。

* 表氨氮及磷酸鹽之管制僅適用於水源水質水量保護區內。

圖 6-7　福德坑滲出水處理廠流程

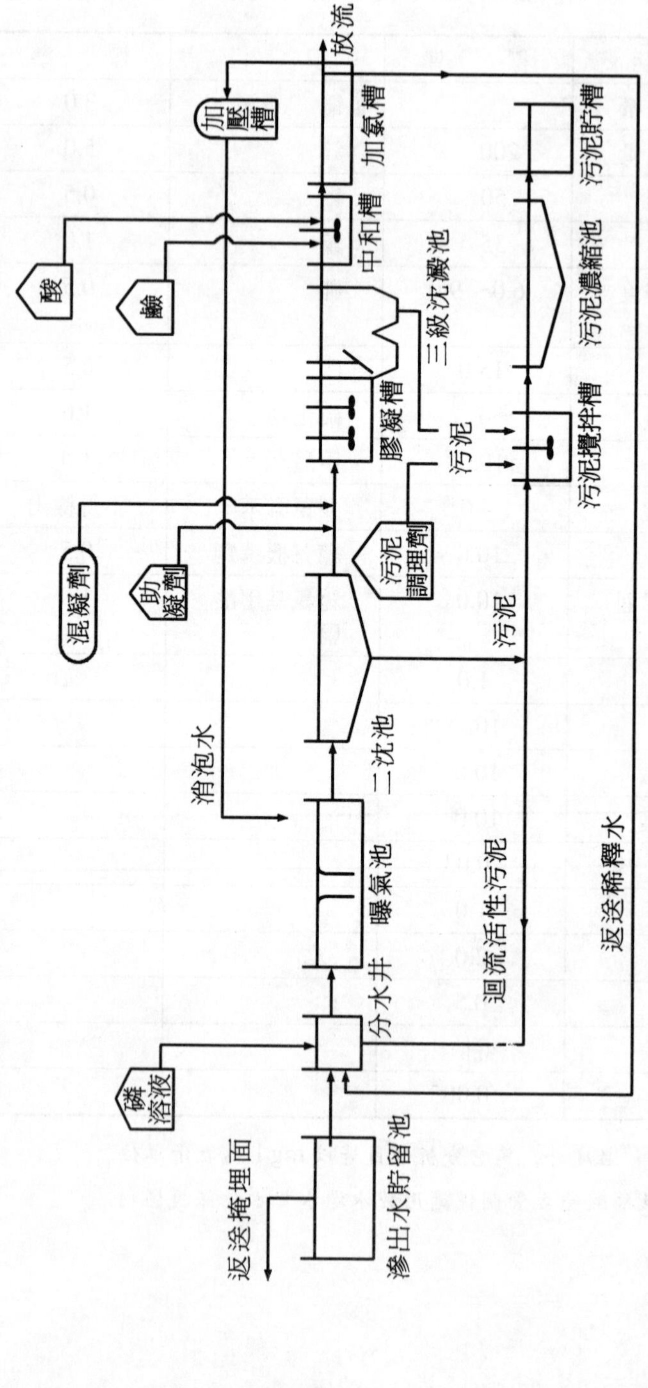

⑵設計之原污水處理水質，能涵容掩埋場使用期間內之水質變化。

⑶處理後排放水質，須合乎法定之放流水標準。

⑷污水處理之流程及控制，須簡單、方便、可靠，儘量降低初設計工程費及日後經常維護操作費。

⑸污水處理場用地範圍宜小而適用。

基於垃圾滲出水含相當高濃度之有機物，為有效改善污水水質，該廠採用延長曝氣之活性污泥法處理，並考慮污水之水質（量）變化，曝氣池採用停留時間 108 小時，以增加污水廠之涵容能力。垃圾滲出水首先由污水貯留池抽送至活性污泥曝氣池，再輔以化學混凝沈澱及消毒，以去除污水之色度及其他污染物質，並配合返送系統，形成彈性處理，以使處理後之水質達法定之放流水標準，避免二次公害。

為了進一步了解衛生掩埋場滲出水處理廠之演進趨勢，特別針對三峽山員潭子掩埋場、臺中掩埋場及八里掩埋場之三座滲出水處理廠加以說明：

1.三峽山員潭子掩埋場

其滲出水處理廠採用厭氣處理、喜氣處理以及混凝浮除處理，最後在放流前以活性碳過濾來達到放流水標準。整廠處理流程見圖 6-8。

2.臺中掩埋場

其滲出水處理廠先採用脫氮及硝化，然後生物處理，再進入混凝沈澱處理單元，最後經活性碳吸附塔處理後放流。整廠處理流程見圖 6-9。

3.八里掩埋場

其滲出水處理廠規劃為先採用氨氣提法，再經厭氣及喜氣處理，然後採用兩階段逆滲透處理，穿透液放流，濃縮液返送。整廠處理流程見圖 6-10。

綜合而言，隨著放流標準日益嚴格，滲出水處理程序亦日趨複雜，其結果造成處理成本倍增，操作複雜，增加了管理上之困難度。

圖 6-8 三峽掩埋場滲出水處理流程

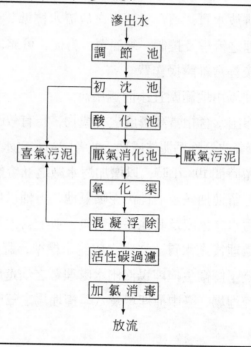

渗出水

調　節　池

初　沈　池

酸　化　池

喜氣污泥　　厭氣消化池　→　厭氣污泥

氧　化　渠

混　凝　浮　除

活性碳過濾

加　氯　消　毒

放流

6-5-2　廢氣之收集與處理

　　廢氣之收集可利用垂直或水平之收集管佈置於掩埋囊堆之四周來收集廢氣，廢氣之成分一般含有甲烷和二氧化碳，亦有少量之硫化氫和水分。若場區很大，則尚須設置若干中繼之集氣井，俾利於廢氣之收集。在佈妥耐腐蝕性之有孔鑄鐵管或鋼管後，四周必須覆以礫石，以避免垃圾之油脂堵住開孔，各垂直或水平之收集管形成一管網後，可連接到處理設施。收集設備之示意圖如圖 6-11 所示。

　　處理設施一般分為兩類，一類為抽氣機連接裝有燃燒器之煙囪，直接點火燃燒廢氣，不去回收廢熱，如圖 6-12 所示。另一類為再資源化之處理方式，即將廢氣予以純化（用化學藥品）後回收，回收處

圖6-9　臺中掩埋場滲出水處理流程

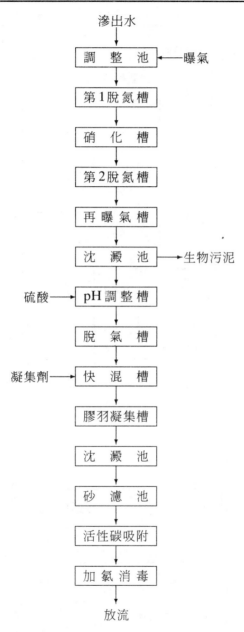

圖6-10　臺北縣八里衛生掩埋場滲出水處理流程

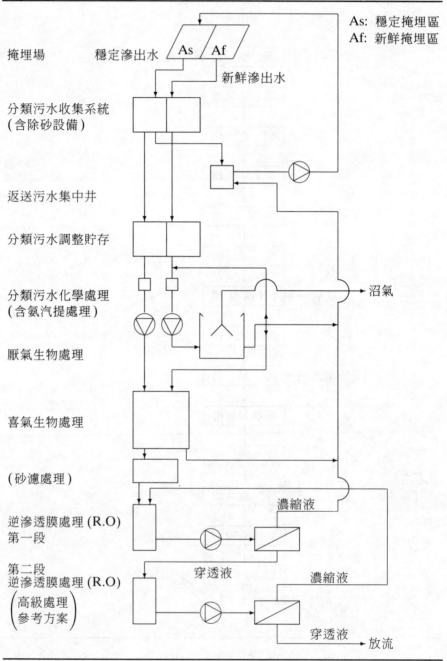

As: 穩定掩埋區
Af: 新鮮掩埋區

掩埋場　　　穩定滲出水　　As　Af

新鮮滲出水

分類污水收集系統
(含除砂設備)

返送污水集中井

分類污水調整貯存

分類污水化學處理
(含氨汽提處理)　　　　　　　　　　　　沼氣

厭氣生物處理

喜氣生物處理

(砂濾處理)

濃縮液

逆滲透膜處理 (R.O)
第一段

第二段
逆滲透膜處理 (R.O)
(高級處理
參考方案)　　穿透液　　　　濃縮液

穿透液　　放流

圖6-11 廢氣收集設備

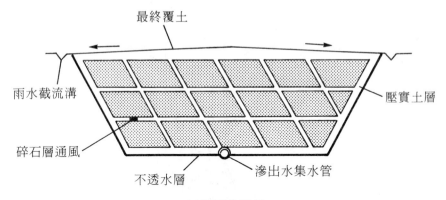

(a)不回收廢氣

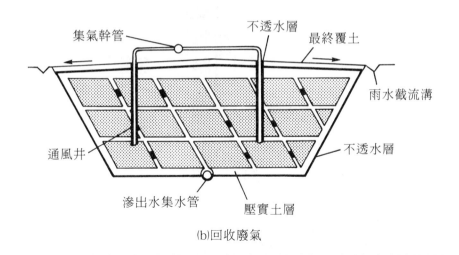

(b)回收廢氣

系統包括:

  ⑴氣體輸送設備, 如鼓風機、抽風機等。

  ⑵壓縮機: 增壓用。

  ⑶凝結器: 讓廢氣中之水分釋出。

  ⑷過濾器: 去除廢氣中之灰塵粒子。

  ⑸清潔器: 去除廢氣中之雜質。

圖6-12　高溫噴火器之截面示意圖

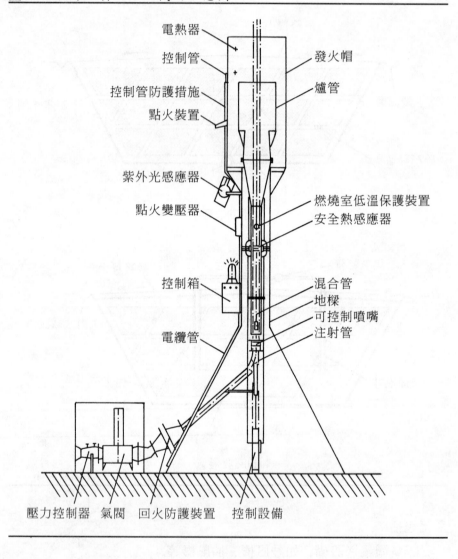

電熱器

控制管

發火帽

控制管防護措施

爐管

點火裝置

紫外光感應器

燃燒室低溫保護裝置
安全熱感應器

點火變壓器

控制箱

混合管
地樑
可控制噴嘴
注射管

電纜管

壓力控制器　氣閥　回火防護裝置　　控制設備

(6)乾燥器：去除廢氣中之水分。

(7)氣體分離器：分離出不需要（或所需要）之氣體種類。

(8)H_2S 去除器。

(9)冷凝器：氣體冷卻處理。

⑽氣體分析器: 了解氣體處理效果。

　　去除水分後送到氣渦輪發電機發電, 所發出來之電力, 除了一部分可供場區使用外, 亦可供應連接外界之電力網路, 售予電力公司。

　　廢氣之利用形態及方案可簡介如下:

1.轉換成一般性瓦斯燃料 (參見圖 6-13)

　　需要經過較嚴格之處理程序, 包括除濕、除臭、除雜質、濃縮 CH_4 含量、壓縮等程序, 以達一般使用瓦斯指定標準, 其供應對象是一般工廠及家庭。處理費用與市場需求性是這種廢氣利用的重要考慮因素, 以本掩埋場而言, 其可行性不高。

圖 6-13　廢氣轉換成瓦斯燃料流程圖

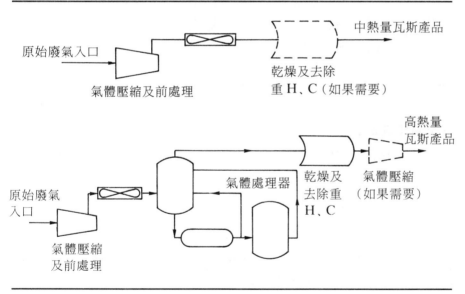

2.瓦斯引擎發電系統 (參見圖 6-14)

　　瓦斯引擎發電廠, 基本上將廢氣經由氣燃機燃燒所生之動力推發電機而產生電力, 回收利用所發之電力, 以供應本廠及整個掩埋場之設備使用, 並可把多餘之電力賣給電力公司。同時也接受電力公司之

電力供應作為後備用（當回收系統發生故障或廢氣收集量不足等突發狀況發生時），以維持掩埋場區之正常操作。引擎所用之瓦斯要特別注意廢氣之品質，一定要根據引擎種類及特性作廢氣之前處理才可使用，如氯氣會對大部分引擎造成損害。瓦斯引擎發電通常用於沼氣產量穩定的掩埋場。此種廢氣發電系統普遍使用於一般的掩埋場，技術已十分成熟。

圖6-14　瓦斯引擎發電機組

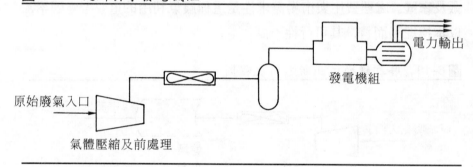

3.蒸氣生產及發電

　　高溫廢氣可點火燃燒後，利用其發熱量使水在高溫、高壓下產生蒸氣，此蒸氣可供鄰近住戶或工廠使用。高壓蒸氣亦可利用汽電共生方式生產電力供場區使用或售給電力公司。

　　而利用蒸氣發電的汽電共生系統有兩種方式：

　　⑴為高壓蒸氣推動渦輪發電 (steam turbine)，效率較高，但較少用於掩埋場廢氣利用（流程詳圖6-15）。

　　⑵為高壓蒸氣推動傳統的蒸汽引擎 (steam engine，類似火車頭)，再轉接發電機，效率較低，噪音稍高，雖然是古典之技術，但近年來德國正在發展使用中。蒸汽引擎適用於沼氣產量不甚穩定或廠內需要用到蒸氣等情況下的掩埋場（流程詳圖6-16）。附帶產生的蒸氣可供將來於滲出水處理廠中逆滲透單元濃縮液的蒸發乾燥高級處理使用。

圖6-15 蒸氣生產及發電流程圖

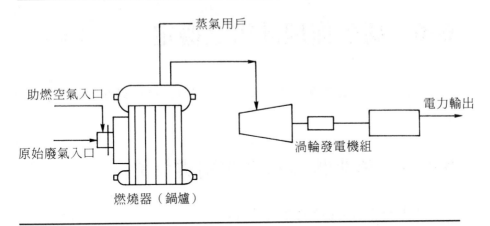

蒸氣用戶

助燃空氣入口

原始廢氣入口

電力輸出

渦輪發電機組

燃燒器（鍋爐）

圖6-16 廢氣回收蒸氣

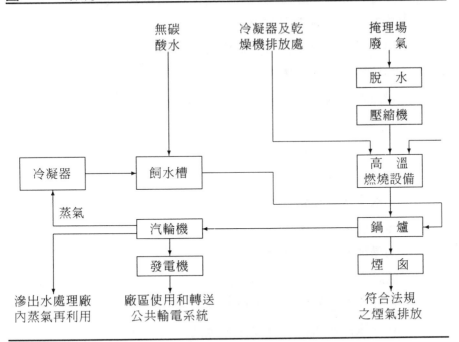

無碳
酸水

冷凝器及乾
燥機排放處

掩埋場
廢　氣

脫　水

壓縮機

冷凝器

飼水槽

高　溫
燃燒設備

蒸氣

汽輪機

鍋　爐

發電機

煙　囪

滲出水處理廠
內蒸氣再利用

廠區使用和轉送
公共輸電系統

符合法規
之煙氣排放

6-6 衛生掩埋計畫之擬定

一個完整之衛生掩埋計畫包括規劃設計及操作管理各種程序，分述如下：

6-6-1 衛生掩埋場之規劃與設計

衛生掩埋場規劃及設計之程序如下：

(1)場址之選擇：場址評選之因素需包括場址之物性、經濟、環境、社會人文各方面，其評選架構可由圖6-17可以顯示。

(2)基本資料之調查與收集：

    (a)垃圾物理化學性質分析資料

    (b)垃圾產量之調查資料

    (c)掩埋場附近之地形圖

    (d)動植物調查說明

    (e)土地鑽探資料

    (f)氣象資料（包括降雨、風速、風向、氣溫等）

    (g)水文及水質資料

    (h)覆土來源

    (i)場址附近之交通流量

(3)估計衛生掩埋場使用年限：

    (a)計算衛生掩埋場之可掩埋容積

    (b)計算每年所需之有效掩埋容積

    (c)計算每年所需之掩埋容積

    (d)求得使用年限

圖 6-17　掩埋場址之評選架構

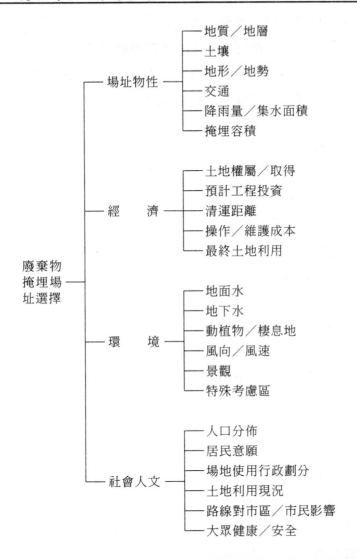

```
                                    ┌── 地質／地層
                                    ├── 土壤
                                    ├── 地形／地勢
                        場址物性 ───┤── 交通
                                    ├── 降雨量／集水面積
                                    └── 掩埋容積

                                    ┌── 土地權屬／取得
                                    ├── 預計工程投資
                        經　　濟 ───┤── 清運距離
                                    ├── 操作／維護成本
                                    └── 最終土地利用
  廢棄物
  掩埋場 ───┤
  址選擇
                                    ┌── 地面水
                                    ├── 地下水
                        環　　境 ───┤── 動植物／棲息地
                                    ├── 風向／風速
                                    ├── 景觀
                                    └── 特殊考慮區

                                    ┌── 人口分佈
                                    ├── 居民意願
                        社會人文 ───┤── 場地使用行政劃分
                                    ├── 土地利用現況
                                    ├── 路線對市區／市民影響
                                    └── 大眾健康／安全
```

(4)推估滲出水水質、水量及規劃設計滲出水收集處理系統

(5)推估廢氣產量及規劃設計廢氣收集處理系統

(6)掩埋堆之設計

(7)衛生掩埋場底部不透水層之規劃設計

(8)衛生掩埋場擋土設施之規劃設計

(9)衛生掩埋場周圍雨水截流設施之規劃設計

(10)衛生掩埋場進出道路場內施工便道、作業區道路之規劃設計

(11)衛生掩埋場附屬設施之規劃設計：

　　(a)管理站

　　(b)地磅

　　(c)圍籬

　　(d)防火設備

　　(e)給水系統

(12)場區配置

(13)操作、維護、管理之人力配置

(14)預算編列

(15)編訂衛生掩埋操作手冊

6-6-2　衛生掩埋場之操作與管理

大型衛生掩埋場目前均採用各種動力牽引機械，可完成自動挖掘、推動、高舉及攜帶土壤之設備，各種機械設備特性如下：

1.推土機或剷土機 (bull dozer)

以向內凹之鏟切來推土，當其下緣嵌入地下時，就能挖土，由於前進速度緩慢，故工作半徑大約在 100 公尺範圍內。

2.前端裝料機 (front-end loader)

具有油壓操縱斗，用來挖掘、舉昇、運行及卸下等工作，其端斗之斗量，自半立方公尺至三立方公尺不等，履帶式前端裝料機速度較慢，但膠輪式前端裝料機則運行速度較快。

3.刮土機 (scraper)

可分為自備動力式及牽引式兩種，其輪軸上之刮土斗可進行刮土作業，其操作容量範圍在 2～30 立方公尺之間。

4.拖斗抓運機 (dragline)

用裝於吊桿上之鋼纜以操作其拖斗，拖斗機常用來開挖沼澤窪地，機械停於周圍高地，再用鋼纜控制拖斗來吊挖低地之泥土，再將泥土倒於機器後面高處。

5.夯實機 (compactor)

在每日覆土或中間覆土時用以夯實土層。

各種掩埋機械之圖形可參考圖 6-18。

衛生掩埋場之操作計畫需注意以下幾點:

1.場地測量

每一場地均應繪製三千分之一平面圖，圖上應包括水道、兩公尺間距之等高線、界線、離掩埋區兩百公尺以內之建築物、進出道路等。

2.場地保護計畫

包括地面水之收集與導引、排水涵洞、小堤等設施。

3.場地操作計畫

詳加說明掩埋使用之面積、掩埋深度、容納體積、完成後之坡度、覆土之品質、聯外道路、場區進出口、辦公室、堆土區、覆土來源、掩埋囊堆之設計、防火設施、防鼠設施、殺蟲劑之使用等項目。

在操作細節方面應儘量遵守以下 12 項準則。

(1)應從位置低處先行掩埋，再逐漸擴展到高處。

(2)應先順從風向處開始掩埋。

(3)應均勻灑佈垃圾後以滾壓機確實滾壓。

(4)不要把未掩埋之垃圾堆放在開挖區附近。

(5)挖土機不可在搬土過程中停下，要一直送到用土區後再停止。

(6)將掩埋操作面積縮的愈小愈好。

(7)適當而有效率的使用掩埋機械設備。

圖6-18　掩埋作業之機械設備

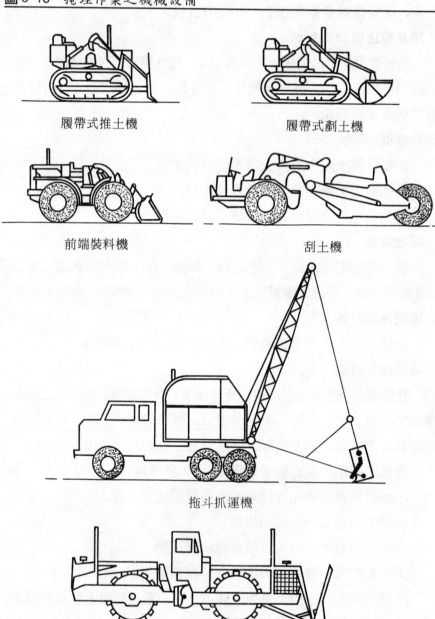

履帶式推土機　　　　　　　　履帶式劃土機

前端裝料機　　　　　　　　　刮土機

拖斗抓運機

掩埋夯實機

(8)場內操作便道要適當設計並注意排水。

(9)儘量將操作便道設置於已完成的掩埋上方。

(10)將垃圾堆放的斜角應小於 30 度。

(11)儘量使地面水及地下水不要接近掩埋區。

(12)將卡車及設備儘量安置在非工作區內。

而衛生掩埋從開始操作至關閉之標準作業程序可整理如下:

1.垃圾前處理

利用推土機、掩埋夯實機或專用之破碎機進行垃圾破碎或者使用捆包打包,以利掩埋夯實,使沉陷減至最低限度。

2.垃圾鋪平

(1)垃圾傾倒後,應予均勻鋪平,每層厚度約 60 公分,按所需之寬度、長度鋪設。鋪平工作使用推土機或垃圾掩埋夯實機。

(2)掩埋地面積範圍廣大者,每日垃圾掩埋使構成一單體(cell),每一單體之斜面坡度為 25%。

3.垃圾夯實

(1)垃圾鋪平後,應立即夯實,壓實機於垃圾層上來回滾壓 3 次。

(2)壓實機於垃圾層上須來回滾壓 5 次。

(3)垃圾夯實完成後,再鋪覆另一層,繼續夯實,直至每日垃圾鋪覆完成。

4.覆土

(1)即日覆土: 每日垃圾鋪覆夯實完成後或垃圾厚度已達 2.8 公尺,立即覆土。覆土厚度以壓實後 20 公分為準,即日覆土之斜面坡度與垃圾單體斜面坡度同,約 25%。

(2)中間覆土: 如垃圾掩埋覆土後,次日並不繼續傾倒作業,覆土表面須長時間(半年以上)曝露時,為防止廢氣洩出或雨水大量滲入,須實施中間覆土。覆土厚度以壓實後 50 公分為準。

(3)最終覆土: 垃圾掩埋完成後,在其最上層覆以 1%坡度之最終

覆土, 以壓實厚 1 公尺為準。如作為農藝用, 其厚度尚須增加。斜面最終覆土厚度以壓實後 60 公分為準, 其斜面坡度為 40% (1:2.5 垂直: 水平)。

5.配合場地最終利用計畫

依照場地最終利用計畫整建道路, 排水溝渠, 埋設管線等設施。

6.植草

種植草皮避免完成最終覆土之場地受雨水沖蝕, 使地面趨向穩定。

6-6-3 廢棄物最終處置相關法規

主要相關法規及標準:
(1)廢棄物清理法
(2)有害事業廢棄物認定標準
(3)事業廢棄物貯存清除處理方法及設施標準
(4)臺灣省固定污染源空氣污染物排放標準
(5)放流水標準
(6)中華民國環境空氣品質標準
(7)工廠（場）噪音管制標準
(8)毒性化學物質管理法
(9)環境保護事業機構管理辦法

6-7 結語

垃圾衛生掩埋場之規劃設計為固體廢棄物處理體系中極重要之一環, 其涉及之工程知識相當廣泛, 無論水文、地質、大地工程、道路工程、沼氣處理及發電系統、以及污水處理工程, 均為工程成敗之關鍵, 宜以系統工程之整合性觀點著手, 可收事半功倍之效。

習　題

6-1　衛生掩埋依操作之方式可以分為那幾種？

6-2　試述衛生掩埋之厭氣反應的基本原理與過程？

6-3　試述衛生掩埋場之必要設施有那些？

6-4　試述衛生掩埋場之構造？

6-5　試述衛生掩埋場場址之評選因素與架構？

6-6　試述衛生掩埋場之操作準則？

第七章 堆　肥

7-1　前言

　　廢棄物堆肥化處理為一種廢棄物生物處理技術，可以達到廢棄物再資源化之目標；人類自古以來即有利用動物排泄物、雜草等物質堆積醱酵後當成肥料之記錄，到了 1925 年左右，才逐漸有系統地開始發展堆肥之工程技術，其後各種堆肥方法在歐洲、北美、紐澳及日本廣泛地被開發出來，至今已呈現多元化之面貌。

7-2　堆肥之原理

　　所謂堆肥化 (composting) 係以人工方法，利用自然界之細菌、放射菌及真菌等微生物，以生化方法將有機物變換為安定腐植質之過程。堆肥化之成品稱之為堆肥 (compost)。垃圾堆肥化之程序可分為前處理、醱酵及後處理三步驟，其中醱酵為主要之生化處理單元。

　　堆肥之醱酵原理大致可分為厭氧方式與好氧方式兩種；厭氧性堆肥係較傳統之方式，將垃圾堆積到某個高度，減少與空氣接觸之機會，使內部之有機物進行厭氧分解，早期之野外堆肥即為這種方法。目前北美洲仍有不少地方使用自然堆積法 (windrow composting) 即屬此法之延伸。好氧性堆肥採用強制送風、抽氣及翻堆等方式，使物質與空氣有良好之接觸，可快速地使有機物安定化，因其反應較快，近年來亦以高速堆肥法稱之。

　　垃圾堆肥化之過程中與醱酵最有關係之微生物種為細菌、放射菌及真菌三大類，真菌對纖維分解力極強，另外亦可將澱粉、醣類、蛋白質等物質分解。放射菌主要作用係將蛋白質分解為氨，細菌則可分

解許多有機物。在堆肥化之過程中，各種微生物之作用係形成一食物鏈，在互助或競爭之生態系統中，完成堆肥化之作用，由於各菌種之功能不同，故醱酵腐熟之速度將取決於許多物理化學因子及操控參數，物理化學因子包括有含水量、溫度、顆粒大小、pH 值、碳氮比；而操控參數則為通氣狀況、植種及攪拌程度等。

7-3　堆肥化之目的

1.降低碳氮比 (C/N)

一種有機物是否可以被使用做堆肥之原料，主要視其碳氮比而定，碳氮比太高，則可供作物吸收之有效性氮素相對較低，對作物生長不利。經堆肥後，可以降低垃圾中有機物之碳氮比，一般而言，碳氮比在 30 以下時，可以直接作為作物之肥料。

2.改善物理特性

垃圾中因含有纖維及木質素，有些堅韌不易被作物吸收，經堆肥後，可變脆軟，易於撒佈及與土壤混合。

3.減少有害成分

有機物分解時會產生有害成分，如甲烷、酚、氫氣、有機酸等物質，如能先經堆肥化，在醱酵過程予以分解，可減少在施肥期間對作物產生之不良影響。

4.消滅病菌、蟲卵及雜草種子

堆肥期間溫度可以升高到 $65\sim80°C$，大部分病菌、蟲卵及雜草種子可以被殺滅。

5.增進肥效

堆肥後可以增加有效性氮與磷。

7-4 堆肥之效用及用途

7-4-1 堆肥之效用

品質優良之堆肥施用於土壤後可以改善土壤之物理性質、化學性質及生物性質，增加土壤中之有機成分，產生以下之效用：

(1)增加土壤之通氣性、透水性及保水性。

(2)增加土壤之肥力。

(3)提供作物生長所需之微量元素，如鈣、鎂等。

(4)有累積肥效，改善長期性土質之效果。

(5)有助於長根系作物生長。

(6)可改良土壤之酸鹼度。

(7)增加土壤穩定性，防止土壤流失。

7-4-2 堆肥之用途

堆肥之用途包括以下各項：

(1)作物有機肥料，栽培作物、花卉及綠化工程用。

(2)作為衛生掩埋之用，減少二次污染。

(3)作為工程填土用。

(4)作為吸取臭氣異味之生物濾床填充材料。

7-5 堆肥化處理之基本條件

為了加速有機物分解速度，在堆肥化處理之過程中宜注意以下之控制條件：

1.水分之調理

臺灣生垃圾之含水量通常在40～65%左右，但市場垃圾含水量可高達80%左右，而堆肥化處理最適宜之含水量為50%～60%左右，水分高於 80%以上，則厭氣菌產生，分解速度變慢，低於10%以下，則一切微生物分解作用均中止。

2.碳氮比及碳磷比之調整

生垃圾之碳氮比一般在50～80 之間，進行醱酵前宜調整到20～50之間，使生成之堆肥碳氮比能在10～20 之間。此外，碳磷比亦需調整到 75～150 之間。調整時之碳源可以使用海產之魚骨粉、下水污泥、水肥、動物排泄物或是化學品如硫酸氨等。

3.適當之顆粒尺寸

粒徑太大時會降低分解速度，產生厭氣狀態，故需以前處理單元破碎到25～75 公厘之間為宜。

4.通氣量

高速堆肥藉著強制送風供給充分之空氣，若理論供氣量為 $2Nm^3/kg$ 乾有機物，則所需空氣量為理論供氣量之 2 倍以上，最高可達 10 倍，以保證微生物在最大耗氧量發生時，堆肥中之空氣含氧量仍可保持在10%以上。

5.醱酵溫度

分解堆肥物質之微生物種最適溫度在50～65℃之間，醱酵前數天溫度可以保持在50～55℃之間，其餘時間則儘量保持在55～60℃之間，

可以殺滅病菌、雜草種子及蟲卵。

6.酸鹼度

堆肥化過程中之重要微生物種如細菌、放射菌等適於在微鹼性及鹼性之環境中生長，pH 值約在 7～8 之間。以生垃圾堆肥時，pH 值應控制在 5.5 ～8.0 之間，若 pH 值超過 8.5 時，氨氣 (NH_3) 可能會逸失，影響碳氮比。

7.適當之物質篩選

在前處理過程中，應以各種方法將不易堆肥之物質如玻璃、塑膠等去除，以增進堆肥之效率。此外，有害性物質如消毒劑、殺蟲劑等亦應予以排除。

8.適當之植種

將部分之熟肥或水肥污泥混入生垃圾中以增加微生物種類，縮短堆肥之時間，一般操作時可以固定返送 1～5％ 之熟肥。

9.適當之攪拌翻堆

為了使水分及溫度均勻，防止乾燥及硬化，宜配合適當之攪拌及翻堆工作，其頻率須視實際操作狀況而定。

7-6　垃圾堆肥之工程技術

7-6-1　堆肥化處理之分類

一般可將堆肥之方法分為下列四種：

1.野外堆肥法

此法利用人工選別、粉碎及調整水分後，送到戶外堆積場，堆積高度 1.2～1.8 公尺，寬 1.8～3 公尺，長約 10 公尺，堆積時間為 30～90

天，採用自然通風及人工不定期翻堆方式，此法所需土地面積較大，且臭味易產生二次公害，較不適合臺灣使用。

2.強制通氣式野外堆肥法

此法乃改良以上第一種方法，為節省人力，可將垃圾粗破碎，並採強制通風，不需人工翻堆，可將堆肥時間縮短到 3 個月左右。此法與好氧性衛生掩埋法十分類似，此法亦可稱之為半高速堆肥法。

3.機械攪拌式堆肥法

本法採用機械攪拌翻堆，自然通風之方式亦為野外堆肥法之改良形式，可縮短堆肥化之時間，大約20～30 天左右即可得腐熟之堆肥。亦可稱之為半高速堆肥法。

4.高速堆肥法

高速堆肥法又稱為全機械式堆肥法，從垃圾之破碎、選別、醱酵及精製均採機械化方式進行，在醱酵階段並以機械翻覆攪拌及強制通風之方式，可將堆肥化時間縮短為 20 天左右。

7-6-2 堆肥化處理之前處理技術

前處理設備之功能與垃圾資源回收之處理單元類似，將生垃圾予以破碎、選別後，調整粒徑、水分、碳氮比及物理成分，必要時添加副原料、菌種及酵素。堆肥化前處理之目的如下：

(1)去除不適堆肥之物質，減少醱酵槽之容積。

(2)去除有害性物質。

(3)避免纖維、木竹、金屬捲入機械設備，造成故障。

(4)提高原料之醱酵條件，生產高品質之堆肥。

(5)回收有用之物質，達到資源化之目標。

前處理設備可依是否在分選過程中添加水分而分為濕式、半濕式及乾式三種，如依分選之原理可分為：

⑴篩分選設備

⑵比重差分選設備

⑶風力分選設備

⑷磁力分選設備

⑸渦電流分選設備

⑹靜電分選設備

⑺磁場分選設備

⑻溶劑分選設備

⑼洗淨分選設備

⑽強度差分選設備

⑾浮游分選設備

⑿光學分選設備

　　若依功能來分，可分為破碎機、選別機或破碎選別機。在破碎機方面，堆肥過程前處理常使用之破碎機有：

⑴濕式破碎機

⑵半濕式破碎機

⑶粗破碎機

⑷細破碎機

在選別機方面常使用的設備有：

⑴磁力選別機

⑵旋轉篩選別機

⑶風力選別機

⑷震動篩選別機

常見之前處理系統設備組合方式如圖 7-1。

圖 7-1　堆肥化前處理系統設備組合方式

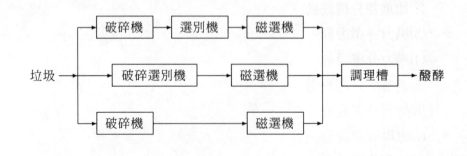

7-6-3　堆肥化處理之醱酵設備

醱酵之過程可分為主醱酵及後醱酵，投入主醱酵槽之堆肥原料約經一星期後可以產生粗堆肥，然後再送入後醱酵槽若干星期完成熟堆肥。後醱酵槽所需攪拌的程度較低，亦可採堆積醱酵之方式；主醱酵槽之種類可以分為：

1.池形醱酵槽

池形醱酵槽為一般長方形，槽長 20 公尺，寬 2～3 公尺，深 2 公尺，由槽底供給空氣，攪拌方式有板條輸送式翻堆機、螺旋式翻堆機或槳葉式翻堆機等形式。

2.豎型多段式醱酵槽

豎型多段式醱酵槽為直立圓筒形式，內部有水平多段分隔，堆肥材料由重力作用自上而下，由旋轉過程向下移動，完成初步醱酵。

3.橫型旋轉圓筒醱酵槽

橫型旋轉圓筒醱酵槽為旋轉窯形式，藉水平旋轉窯緩慢轉動，將垃圾攪拌混合，持續醱酵數日後可產生粗堆肥，須再進入後醱酵階段來完成熟堆肥。

4.傾斜床式醱酵槽

　　傾斜床式醱酵槽適用於有地形自然傾斜之區域，傾斜角度約為
35°，材料由上方投入，依重力下滑，中間有階梯，調節滑降速度，傾
斜床內粗堆肥約停留 7～10 日。

5.鑽土機式醱酵槽

　　鑽土機式醱酵槽為一豎立圓筒形之反應槽，在槽內有豎立之螺旋
轉動裝置以攪拌材料，由於螺旋轉動裝置很像鑽土機因而得名。材料
由輸送機沿槽壁投入，藉著螺旋轉動裝置向中央部位移動，中央處為
粗堆肥出口，全部停留時間約 5 日，槽壁位置因此需供應較多之空氣，
中央附近則較少。

6.貯倉式醱酵槽

　　貯倉式醱酵槽為直立形式，可由塔頂投入原料，倉底裝置搔取機
械設備以移出堆肥，堆肥所需之空氣則由塔底供應，為了防止槽內物
質不易移動，塔之形狀可以有變化，愈向下方直徑愈大。

　　因此醱酵系統之組合可以由圖 7-2 說明。

圖 7-2　堆肥化醱酵系統組合

7-6-4　堆肥化之後處理設備

　　後處理設備設置之目的係為了將腐熟之堆肥繼續精選成精製堆
肥，提高市場應用潛力。常用之後處理設備計有：

(1)破碎機或破碎選別機

(2)旋轉篩分機

(3)振動篩分機

(4)風力選別機

(5)慣性分離機

(6)硬度差分離機

(7)磁力選別機

(8)靜電選別機

因此後處理系統之幾種組合可由圖7-3加以說明。

圖7-3　幾種堆肥化後處理設備之系統組合

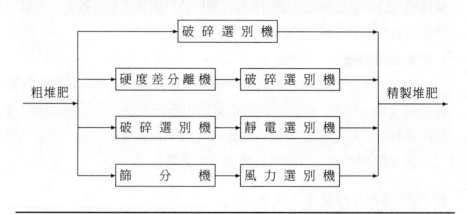

7-6-5　堆肥成品之標準

　　堆肥之成品由於受到過去在臺灣地區行銷失敗之經驗，必須要進行品質管制，目前中央標準局針對此項需求，已訂定出堆肥成品之中國國家標準，如表7-1所示。未來在臺灣鄉鎮地區，若能配合適當之家戶垃圾分類，進行有機成分之堆肥作業，除了可以延緩掩埋場之壽命，亦可配合農業化肥之使用，以維持地力。

表7-1　中國國家標準 (CNS) 肥料垃圾堆肥

項　　目	標　　　　　準
適用範圍	本標準適用於利用垃圾中之有機質物料，經物理及醱酵處理而成之堆肥。
性　　狀	粉碎狀或粒狀物質。
有　機　物	含量40%以上，碳氮比 (C/N)20 以下。
腐　植　度	30%以上，$$腐植度 = \frac{總碳 - 2\% \text{ 氨水不溶性碳}}{總碳} \times 100$$
水　　分	25%以下。
pH　值	6.0～7.5。
總　氮　量	0.8%以上。
總磷酐量 (P_2O_5)	0.6%以上。
總氧化鉀量 (K_2O)	0.6%以上。
灰　　分	25%以下。
有害成分	砷 (As) 不得超過 50ppm，汞 (Hg) 不得超過 2ppm 鎘 (Cd) 不得超過 5ppm，鉛 (Pb) 不得超過150ppm 銅 (Cu) 不得超過 150ppm，鎳 (Ni) 不得超過 25ppm 鉻 (Cr) 不得超過 150ppm，鋅 (Zn) 得超過 500ppm
活　性　物	不得有誘發病蟲害之病菌、蟲卵、及能發芽種子。
不純潔物	玻璃、石器、陶器片、塑膠及金屬類等雜分解物，大小不得超過 0.4 公分，總含量不得超過 3%。
包裝及標識	本品應以牢固之包裝材料緊密封固，並應標明品名、商標、淨重、成分、製造廠名及地址。

7-7 結語

堆肥化處理實為垃圾資源化技術之一種，宜從其在多元化處理技術體系中所能扮演之角色來衡量是否有存在之價值。目前在臺灣地區都市垃圾多朝向焚化處理發展，而鄉鎮地區之垃圾處理多以掩埋為主，有鑑於過去臺灣之數十座堆肥廠均先後關閉之失敗經驗，今後對於堆肥廠之發展，宜往鄉鎮地區著手，從市場調查，品質管制，行銷通路，財務計畫及營運管理各方面進行完整之規劃，才有成功之可能。

習 題

7-1 試述堆肥化處理之目的？

7-2 試述堆肥化處理之基本控制條件？

7-3 試將堆肥化前處理、醱酵及後處理各單元串連，畫出一種可能
之高速堆肥廠流程？

7-4 試述堆肥化處理與垃圾資源回收間之關聯性？

7-5 試述堆肥化產品在臺灣地區之用途及潛力？

第八章

有害事業廢棄物之清除及處理

8-1　前言

　　事業廢棄物之來源很廣，種類及成分均很複雜，而且數量龐大，尤其一部分為有害事業廢棄物，若收運處理不當，極易污染環境，甚至造成民眾傷亡。我國對事業廢棄物之管理工作起步較晚，民國78年後才逐步引進國外之管理制度，對本土之產源進行調查與分析，並由環保署與經濟部共同合作，以謀求問題之徹底解決。

　　本章將討論事業廢棄物之貯存及清除、中間處理與最終處置之問題，並以國內主要之法規為依據，說明目前相關之標準及規定，並配合工程技術加以說明。

8-2　事業廢棄物之管理

8-2-1　基本制度

　　事業廢棄物之管理可分為督導管制與輔導改善兩方面，前者由環保單位主導，後者係由各相關目的事業主管機關負責。目前國內事業廢棄物主要可以分成建築廢棄物及工業廢棄物，前者由營建署負責，後者為環保署及經濟部工業局負責。

　　相關之法令依據如下：

(1)廢棄物清理法

(2)廢棄物清理法臺灣省施行細則

(3)事業廢棄物貯存清除處理方法及設施標準

⑷有害事業廢棄物輸入輸出許可辦法

⑸有害事業廢棄物認定標準

⑹臺灣省建築廢棄物清除方法

⑺臺灣省公共工程廢棄土處理要點

⑻臺灣省建築工程廢棄土處理要點

⑼臺灣省營建工程廢土棄置場設置要點

⑽營建廢棄土處理方案

⑾工業廢棄物五年處理計畫

在產量方面，民國85年時，全省每年廢土產量約五千萬立方公尺，依臺灣省政府建設廳統計各縣市規劃設置之公民營棄土場容量僅四千二百餘萬立方公尺，尚未能滿足一年之使用需求。工業廢棄物每年產量約一千二百萬噸，自行或委託處理及回收再利用者約三百六十萬噸，妥善處理率僅百分之三十。

事業廢棄物之管理制度，主要依據民國78年3月31日所發布之「公民營廢棄物清除處理機構輔導辦法」及民國78年5月8日所發布並於民國84年7月19日修正之「事業廢棄物貯存清除處理方法及設施標準」，事業廢棄物由產生到清理完畢，無論是事業機構或專業廢棄物清理機構均可參與；在管理上採用了計畫核准制度，紀錄申報制度，登記許可制度及追蹤查核制度等四大制度。分別說明如下：

1.計畫核准制度

本制度主要在管理事業機構，要求指定之事業機構應事先針對其製程，規劃廢棄物之貯存、清除、處理之方法及設施，提送「廢棄物清理計畫書」給主管機關審核。環保署並於民國78年5月8日公告指定了必須繳交「清理計畫書」二十四類產業，如表8-1所示。

清理計畫書之內容包括：

⑴產品製造或使用過程。

⑵事業廢棄物之產源、成分或數量。

(3)事業廢棄物之清理方式。

(4)事業廢棄物之減量計畫。

(5)事業機構停業或宣告破產時，對於尚未清理完竣之事業廢棄物之處置。

(6)緊急應變計畫。

表 8-1　24 類應檢員事業廢棄物清理計畫書之指定事業機構

類別	指定事業機構
金屬冶煉工業	以礦石、礦砂、礦渣為原料之金屬冶煉工業如煉銅、鋅、鎘、鋁、鎳、鉛、銅鐵等事業機構
煉油工業	以原油為原料煉製各種油氣類、潤滑油、脂、劑等事業機關
石油化學工業	以石油為原料製造石化基本原料，或以石化基本原料製造中游產品之事業機構
染顏料及其中間體製造工業	包括染料、顏料及其中間體之合成事業機構
鈦白粉製造工業	以鈦礦為原料之鈦白粉製造之事業機構
石綿工業	石綿及其製品工業之事業機構
煉焦工業	以煤為原料煉製焦炭之事業機構
金屬表面處理工業	包括噴砂、酸洗、鹼洗、電解脫脂、噴塗漆及銅面蝕刻等金屬表面處理、陽極處理、金屬與非金屬電鍍工業、半導體工業及以有機溶劑為洗滌作業之電子、印刷電路板工業之事業機關
紡織染整工業	包括洗染工廠之事業機構
皮革工業	以生、熟皮及鹽漬皮為原料,經鞣革作業之皮革加工業之事業機構
廢料回收工業	以廢料或下腳品為原料之製造工業,如廢油、廢溶劑加工處理業、廢金屬氧化物之加工煉製業、廢酸、廢鹼之處理業之事業機構
鎳、鎘、鉛及水銀電池工業	使用鎳、鎘、鉛及水銀為電池原料之事業機構

酸鹼工業	從事製造各種酸及鹼工業之事業機構
化學藥劑製造工業	包括農藥、環境衛生用藥製造業及硬脂酸鹽安定劑製造業等之事業機構
樹脂、塑膠、橡膠製造工業	指經由聚合反應製造樹脂、塑膠、橡膠產品之事業機構
屠宰業	凡從事家畜或家禽之宰殺及包裝之行業
舊船解體工程業	凡從事廢船解體工程之事業機構
醫院	50 床以上之醫院及所有公立醫院
養豬場	養豬規模 1,000 頭以上之養豬場
蔬菜、魚、肉批發市場	凡從事蔬菜、水果、水產、家禽、家畜等之批發市場
工業污水處理廠	凡政府或民間開發之工業區所屬之污水處理廠均屬之

其他：
(1)具有含多氯聯苯事業廢棄物之事業機構
(2)凡事業廢棄物產量每日 4 公噸以上或每年 1,200 公噸以上之事業機構

　　事業機構如欲設立或變更製程或作業情況，即須提出其清理計畫書，送請地方主管機關同意後，由目的事業主管機關核發設立許可後即可變更設置；然後於設立或變更完成後，得委託環保署認可之代檢驗業測試，並提出測試計畫，並根據「事業廢棄物貯存清除處理方法及設施標準」之規定，向地方主管機關申請操作許可，取得核准後，才能操作。

　　對一般事業廢棄物，直轄市內之事業機構，由直轄市環境保護局審核即可，縣市境內之事業機構，則由縣市環保局轉請臺灣省政府審核。但如屬有害事業廢棄物，則省（市）環保處（局）應將申請案件轉中央主管機關審核。

2.登記許可制度

　　主要在管理廢棄物清除處理機構，及有害事業廢棄物輸入、輸出

及再利用，為了確保事業廢棄物能由事業之清除處理機構有效地處理，在「公民營廢棄物清除處理機構管理輔導辦法」中規定了公民營廢棄物清除、處理機構分為甲、乙、丙及丁四級。

3.紀錄申報制度

為了有效追蹤有害事業廢棄物之流向，引進了國外遞送聯單制度，以連貫事業機構、清除機構及處理機構。在「事業廢棄物貯存清除處理方法及設施標準」中，規定了事業機構若要將有害事業廢棄物運出廠外，應填送一式六聯之有害事業廢棄物廠外紀錄遞送單，以供追蹤查核。聯單上有關事業廢棄物之基本資料，由事業機構填妥後，經清除機構簽收，事業機構即將第六聯自行留存，並將第一聯送往當地主管機關報備，第二～五聯則由清除機構帶走，於十日內隨廢棄物送到處理機構，由處理機構簽收後，清除機構取走第五聯，第二～四聯仍留在處理機構，處理機構於收到該等廢棄物後，應於三十日內妥善規劃處理，然後將處理情形以第三聯告知原委託之事業機構，以第四聯告知處理機構所在地之當地主管機關備查，自己保存第二聯，所以，一批有害事業廢棄物運送到外面處理完畢，事業機構至少會有二張聯單（第三聯、第六聯），此時，他對這些有害事業廢棄物之責任也才完成。如果有害事業廢棄物清運後四十五日內仍未收到第三聯聯單回來，事業機構除應積極追查外，並應向當地主管機關報備。上述這些聯單應保存三年，以備各有關機關查核。此外，事業機構、公民營廢棄物清除處理機構如有貯存、清除或處理有害事業廢棄物，均應依廢棄物清理法第十六條之規定，定期做紀錄申報。

4.追蹤查核制度

為了對事業機構、清除機構、及處理機構追行有效之管理，「事業廢棄物貯存清除處理方法及設施標準」之自行改善期限於 79 年 5 月 7 日屆滿，故自 79 年 5 月 8 日起，主管機關即可派員至各事業機構或廢棄物清除、處理機構，對許可登記、清理計畫書、營運紀錄、遞

送聯單、操作及監測紀錄及運作環境等進行查核。違反相關法令規定者，對事業機構，如為有害廢棄物得處二萬元至五萬元（相當於新臺幣六萬元至十五萬元）之罰鍰，經限期而不改善者，得按日連續處罰，情節重大者，並得命其停工或停業。如為一般事業廢棄物得處二千元至一萬元（相當於新臺幣六千元至三萬元）之罰鍰，經限期而不改善者，得按日連續處罰。對公民營廢棄物清除、處理機構如違反「事業廢棄物貯存清除處理方法及設施標準」亦比照事業機構處罰，並得令歇業，如未經登記許可而營業者，處二萬元至五萬元（相當於新臺幣六萬元至十五萬元）罰鍰，並制止其營業。違反管理輔導辦法規定者，處二千元至五千元（相當於新臺幣六千元至一萬五千元）罰鍰，經限期而不改善者，得按日連續處罰。另外，拒絕、妨礙或逃避檢查，採樣或索取資料者，亦得處四千元至一萬元（相當於新臺幣一萬二千元至三萬元）罰鍰。

此外，環保署也鼓勵各行業設置事業廢棄物共同或聯合處理體系，以彌補代處理業之不足，至民國 85 年，已有各地醫療院所、農藥業、石油化學工業建立共同處理制度，皮革業及廢橡膠業等十個事業也成立了聯合廢棄物處理體系。環保署也將配合經濟部「工業廢棄物五年處理計畫」，調查事業廢棄物之質與量，希望在民國 87 年時，達到有害事業廢棄物 100% 妥善處理，一般事業廢棄物 50% 妥善處理之目標。

8-2-2　有害事業廢棄物之認定

有害事業廢棄物認定標準由 (83) 環署廢字第○三一三一號修正公告後採用以下三種方式認定：

　(1)列表認定

　(2)有害特性認定

　(3)其他經中央主管機關公告者

　　列表之有害事業廢棄物包括:

1.製程有害事業廢棄物

　　包括有化學材料製造、化學製品製造、石油及煤製品製造、金屬基本工業、廢料回收工業及其他。

2.毒性有害事業廢棄物

　　指環保署所公告之廢化學物質(如丙烯醛、阿特靈等 108 種)或其混合物,或直接接觸上述化學物質或其混合物之盛裝容器。

　　有害特性認定之有害事業廢棄物種類如下:

1.溶出毒性事業廢棄物

　　指事業機構所產生之廢棄物,依標準之溶出試驗分析所得之成分超過公告之標準者。

2.腐蝕性事業廢棄物

　　指事業機構所產生之廢棄物具有下列性質者:

　　⑴廢液氫離子濃度指數(pH 值) 大於或等於 12.5 或小於或等於 2.0;或在攝氏溫度 55 度時對鋼(中國國家標準鋼材 S20C)之腐蝕速率每年超過 6.35 毫米者。

　　⑵固體廢棄物於溶液狀態下氫離子濃度指數(pH 值) 大於或等於 12.5 或小於或等於 2.0;或在攝氏溫度 55 度時對鋼(中國國家標準鋼材 S20C)之腐蝕速率每年超過 6.35 毫米者。

3.易燃性事業廢棄物

　　指事業機構產生之廢棄物具有下列性質之一者:

　　⑴廢液閃火點小於攝氏溫度 60 度,且乙醇濃度在百分之二十四以上者。

　　⑵固體廢棄物於攝氏溫度 25 度加減 2 度、一大氣壓下(以下簡稱常溫常壓),可因摩擦、吸水或自發性化學反應而起火燃燒引起危害者。

　　⑶可直接釋出氧,激發物質燃燒之廢強氧化劑。

4.反應性事業廢棄物

指事業機構產生之廢棄物，具有下列性質之一者：

⑴常溫常壓下易產生爆炸者。

⑵含氰鹽者。

⑶硫化物氫離子濃度指數(pH 值) 於 2.0 至 12.5 間會產生有毒氣體者。

5.感染性事業廢棄物

指醫療機構、醫事檢驗所、醫學研究單位、生物科技機構及其他事業機構於醫療、檢驗、研究或製造過程中有下列之廢棄物：

⑴廢棄之感染性培養物、菌株及相關生物製品：指醫學、病理學實驗室廢棄之培養物，研究單位、工業實驗室感染性培養品、菌株、生物品製造過程產生之廢棄物或其他廢棄之活性疫苗、培養皿或相關用具。

⑵病理學廢棄物：指手術或驗屍取出之組織、器官、殘肢等。

⑶血液廢棄物：指廢棄之人體血液或血液製品，包括血清、血漿及其他血液組成等。

⑷廢棄之尖銳器具：指醫學、研究或工業等實驗室中曾與感染性物質接觸，或用於醫護行為而廢棄之尖銳器具，包括注射針頭、注射筒、輸液導管、手術刀或曾與感染性物質接觸之破裂玻璃器皿等。

⑸受污染之動物屍體、殘肢、用具：指於研究生物製品製造、藥品實驗等過程接觸感染性物質，包括經檢疫後廢棄或因病死亡之動物屍體、殘肢或用具等。

⑹手術或驗屍體廢棄物：指使用於醫療、驗屍或實驗行為而廢棄之具有感染性之衣物、紗布、覆蓋物、導尿管、排泄用具、褥墊、手術用手套等。

⑺實驗室廢棄物：指於醫學、病理學、藥學、商業、工業、農業、檢疫或其他研究實驗室中與感染性物質接觸之廢棄物，包括抹片、蓋

玻片、手套、實驗衣、口罩等。

⑻透析廢棄物：指進行血液透析時與具感染性病人血液接觸之廢棄物，包括導管、濾器、手巾、床單、手套、口罩、實驗衣等。

⑼隔離廢棄物：指罹患傳染性疾病須隔離之病人或動物之血液、排泄物、分泌物或其污染物之廢棄物。

⑽其他經中央主管機關會同目的事業主管機關認定對人體或環境具危害物，並經公告者。

6.石綿及其製品廢棄物

指事業機構所產生含石綿之廢棄物。

7.多氯聯苯有害事業廢棄物

指含多氯聯苯之廢電容器、廢變壓器、廢油或含多氯聯苯廢棄物其重量在百萬分之五十以上者。

8.單一非鐵金屬有害廢料

⑴廢銅、廢鋁、廢鋅、廢鉛、廢鎘或廢鉛中夾雜被覆廢電線、電纜，且重量未滿百分之一者。

⑵廢鉛、廢鎘、廢鉻。

⑶其他經中央主管機關公告者。

9.經中央主管機關公告之混合五金廢料

8-3　有害事業廢棄物之貯存與清除

有害事業廢棄物之貯存、收集及清運工作主要依照民國 84 年 7 月 19 日 (84) 環署廢字第二九一七一號令修正發布「事業廢棄物貯存清除處理方法及設施標準」之規定辦理。

8-3-1 有害事業廢棄物之貯存

在「事業廢棄物貯存清除處理方法及設施標準」第二章中，對事業廢棄物之貯存有很詳盡之規定如下：

(1)有害事業廢棄物應與一般事業廢棄物分開貯存。

(2)有害事業廢棄物之貯存方法，除感染性事業廢棄物外，應符合下列規定：

(a)應以固定包裝材料或容器密封盛裝，置於貯存設施內，分類編號，標示產生廢棄物之機構名稱、貯存日期、數量、成分及區別有害事業廢棄物特性之標誌。

(b)貯存容器或設施應與有害事業廢棄物具有相容性，必要時應使用內襯材料或其他保護措施，以減低腐蝕、剝蝕等影響。

(c)貯存容器或包裝材料應保持良好情況，如有嚴重生鏽、損壞或洩漏之虞，應即更換。

(d)貯存以二年為限，超過二年時，應於屆滿三個月前向貯存設施所在地主管機關申請展延。

對於感染性事業廢棄物之貯存方法，應符合下列規定：

(1)下列事業廢棄物應以紅色可燃容器密封貯存，並標示感染性事業廢棄物標誌；其於常溫下貯存者，以一日為限，於攝氏5度以下冷藏者，以七日為限：

(a)手術房、產房、檢驗室、病理室、解剖室、實驗室所產生之廢檢體、廢標本、人體、動物殘肢、器官或組織等。

(b)傳染性病房或隔離病房所產生之事業廢棄物。

(c)廢透析用具、廢血液或廢血液製品。

(d)其他曾與病人血液、體液、引流液或排泄物接觸之可燃性事業廢棄物。

(2)下列之事業廢棄物應以不易穿透之黃色容器密封貯存，並標示感染性事業廢棄物之標誌：

　　(a)廢棄之針頭、刀片、縫合針等器械，及玻璃材質之注射器、培養皿、試管、試玻片。

　　(b)其他曾與病人血液、體液、引流液或排泄物接觸之不可燃事業廢棄物。

對於一般事業廢棄物之貯存，應符合下列之規定：

(1)應有防止地面水、雨水及地下水流入、滲透之設備或措施。

(2)由貯存設施產生之廢液、廢氣、惡臭等，應有收集或防止其污染地面水體、地下水體、空氣、土壤之設備或措施。

對於感染性事業廢棄物之貯存設施除應符合上述之規定外，並應符合下列之規定：

(1)應於明顯處標示感染性事業廢棄物標誌及備有緊急應變措施，其設施應堅固，並與治療區、廚房及餐廳隔離。但診所得於治療區設密封貯存設施。

(2)貯存事業廢棄物之不同顏色容器，須分開置放。

(3)應有良好之排水及沖洗設備。

(4)具防止人員或動物擅自闖入之安全設備或措施。

(5)具防止蚊蠅或其他病媒孳生之設備或措施。

有害事業廢棄物之貯存設施，除感染性事業廢棄物外，應符合下列規定：

(1)應設置專門貯存場所，其地面應堅固，四周採用抗蝕及不透水材料襯墊或構築。

(2)應有防止地面水、雨水及地下水流入、滲透之設備或措施。

(3)由貯存設施產生之廢液、廢氣、惡臭等，應有收集或防止其污染地面水體、地下水體、空氣、土壤之設備或措施。

(4)應於明顯處，設置白底、紅字、黑框之警示標誌，並有災害防

止設備。

(5)設於地下之貯存容器，應有液位檢查、防漏措施及偵漏系統。

(6)應依貯存事業廢棄物之種類、配置監測設備、警報設備、滅火、照明設備或緊急沖淋安全設備。

8-3-2　有害事業廢棄物之清除

清除事業廢棄物之車輛、船隻或其他運送工具於清除過程中，應防止事業廢棄物飛散、濺落、溢漏、惡臭擴散、爆炸等污染環境或危害人體健康之事情發生。清除有害事業廢棄物於運輸途中有任何洩漏之情形時，清除人應立即採取緊急應變措施並通知相關主管機關，產生有害事業廢棄物之事業機構與清除機構應負一切清理善後責任。不具相容性之事業廢棄物不得混合清除。事業機構自行或委託清除其產生之事業廢棄物至該機構以外，應紀錄清除廢棄物之日期、種類、數量、車輛車號、清除人及保留所清除事業廢棄物之處置證明。這些資料應保留三年，以供環保單位查核。

清除有害事業廢棄物之車輛應符合下列規定：

(1)應標示機構名稱、電話號碼及區別有害事業廢棄物特性之標誌。

(2)隨車攜帶對有害事業廢棄物之緊急應變方法說明書及緊急應變處理器材。

事業機構自行或委託清除機構清除有害事業廢棄物，至該機構以外之貯存或處理場所時，須填具一式六聯之遞送聯單。前述之遞送聯單經清除機構簽收後，第一聯送事業機構所在地之主管機關備查，第六聯由事業機構存查，第二聯至第五聯由清除機構於十日內送交處理機構，由處理機構簽收，清除機構保存第五聯，處理機構於收到廢棄物之翌日起三十日內，將第三聯送回事業機構，第四聯送事業機構所在地之主管機關備查，並自行保存第二聯。事業機構於接收第三聯十

日內應將第六聯及第三聯影印送中央主管機關備查。有害事業廢棄物輸出國外處理前之暫時貯存免填第二聯及第三聯，第四聯由清除機構於廢棄物運至貯存場所後簽章填送。

　　處理機構若發現事業廢棄物成分、特性、數量與遞送聯單所載不符時，應於發現之翌日起十日內，請求清除機構或事業機構補正，並向當地主管機關報備。事業機構於廢棄物清運後四十五日內未收到第三聯者，應主動追查委託清除之有害事業廢棄物流向，並向當地主管機關報備。

　　感染性事業廢棄物清除方法除了清除車輛應依前述之相關規定外，並須注意以下各點：

　　⑴以不同顏色之容器貯存的廢棄物不得混合清除，但以黃色容器貯存之感染性事業廢棄物採焚化處理者不在此限。

　　⑵於運輸過程，不可壓縮及任意開啟。

　　⑶不可燃感染性事業廢棄物直接清除至最終處置場所前應先經滅菌處理。

　　⑷運輸途中應備有冷藏措施。

8-4　有害事業廢棄物之中間處理

　　在「事業廢棄物貯存清除處理方法及設施標準」中，對各類事業廢棄物之中間處理方法，有以下之規定。

　　⑴污泥：無機性污泥脫水或乾燥至含水率百分之八十五以下；有機性污泥以脫水或熱處理法處理。

　　⑵有害事業廢棄物若含有毒重金屬時，以固化法、電解法、薄膜分離法、熱蒸發或熔煉法處理；含氰化物者，以氧化分解法、焚化法或濕式氧化法處理。乾基每公斤含汞及其化合物濃度高於 260 毫克者，

應先以熱處理法回收。

(3)廢油：以油水分離、蒸餾或逕採焚化法處理。

(4)廢酸或廢鹼：以蒸發、蒸餾、薄膜分離或中和法處理；含氰化物者，應先經氧化前處理，再以中和法處理或濕式氧化法分解之。

(5)廢塑膠類、廢橡膠類：經破碎、切斷處理至 15 公分以下，或逕採蒸餾法、分類回收法、熱熔法或熱處理法處理。

(6)廢溶劑：以萃取法、油水分離法、蒸餾法或逕採熱處理法處理。

(7)含農藥、多氯聯苯、戴奧辛之廢棄物：以熱處理法處理。

(8)含石綿之廢棄物：經潤濕處理，再以厚度萬分之七十五公分以上之塑膠袋雙層盛裝後，置於堅固之容器中，或採具有防止飛散措施之固化法處理。

(9)含氟氯碳化合物之廢棄物：以回收處理。

(10)鋼鐵業之集塵灰：以回收處理。

(11)皮革削邊皮、皮粉：以蒸製皮革粉回收處理。

事業廢棄物中間處理設施，應符合下列之規定：

(1)應有堅固之基礎結構。

(2)設施與廢棄物接觸之表面，採抗蝕及不透水材料構築。

(3)設施周圍應有防止地面水、雨水及地下水流入、滲透之設備或措施。

(4)應具有防止廢棄物飛散、流出、惡臭擴散及影響四周環境品質之必要措施。

(5)應有污染防制設備及防蝕措施。

有害事業廢棄物採熱處理法者，事業單位應提出試燒計畫，報請省（市）主管機關核轉中央主管機關核可後，自行委託經中央主管機關認可之檢驗測定機構或經中央主管機關核准之學術、顧問機構，於各級地方主管機關監督下，依試燒計畫進行測試。測試完成後，應檢具試燒報告，經省（市）主管機關核准後，始得處理。

感染性事業廢棄物中間處理方法如下：

⑴紅色容器貯存之感染性事業廢棄物以焚化法處理。

⑵黃色容器貯存之感染性事業廢棄物以滅菌法或焚化法處理。

⑶廢棄之針頭、針筒以焚化法或經滅菌後粉碎處理。

一般而言，有害事業廢棄物較常採用焚化處理，其焚化之形式包括：

⑴旋轉窯焚化爐 (rotary kiln incinerator)

⑵流體化床焚化爐 (fluidized bed incinerator)

⑶液注式焚化爐 (liquid injection incinerator)

⑷控氣式焚化爐 (controlled air incinerator)

⑸工業鍋爐或水泥窯爐 (industrial boiler or cement kiln)

分別敘述如下：

1.旋轉窯焚化爐

本型焚化爐已被廣泛應用於一般及有害事業廢棄物，燃燒方式採用二段式燃燒，第一段採用類似水泥窯之水平圓筒式，以定速旋轉來達到攪拌廢棄物之目標，固體廢棄物可以從前端送入，而廢液及廢氣可以從前段、中段、後段同時配合助燃空氣送入，甚至於整桶裝之廢棄物（如污泥），亦可整桶送入第一燃燒室燃燒。因此在備料及進料上較複雜，第一燃燒室燃燒完之廢氣及灰渣進入第二燃燒室，廢氣在第二燃燒室藉高溫氧化進行二次燃燒，然後送入空氣污染防治系統，底灰及飛灰分別收集。如果依照第一燃燒室之操作溫度來區分，可以進一步將旋轉窯焚化爐分成灰渣式旋轉窯焚化爐 (ashing rotary kiln incinerator) 或融渣式旋轉窯焚化爐 (slagging rotary kiln incinerator)。前者通常在 $650°C \sim 980°C$ 之間操作，而後者則在 $1,203°C \sim 1,430°C$ 之間操作。在液體噴注時，須考慮其黏度與霧化效果，同時亦須考慮備料之相容性及腐蝕性，固、液、氣三相並存時之熱平衡現象亦較複雜。在第一燃燒室燃燒後產生之廢氣，因仍含有若干有機物，故須導入二次燃燒室，以輔

助燃油及超量助燃空氣達到完全燃燒之效果。第一、二燃燒室之內壁均須襯砌耐火磚，旋轉窯須保持適當傾斜度，以利固體物下滑，旋轉窯之轉速及細長比控制了固體物之停留時間，細長比（length/diameter ratio, L/D 值）愈高，停留時間愈久，但成本也愈高。但細長比不足時，則固體物不能達到完全燃燒之效果；當轉速愈大時，固體物愈易下滑翻滾，雖攪拌能力增強，但停留時間則縮短。

　每一座旋轉窯通常配有一到二個燃燒器，可裝在旋窯之前端或後端，在啟機時，燃燒器將負責把爐溫升高到要求之溫度後才開始進料，其使用燃料可包含燃料油、瓦斯或高熱值之廢液。進料方式多採批式進料，以螺旋推進器配合旋轉式之空氣鎖（air lock）。廢液有時與固體廢棄物混合後一起送入，或藉助空氣或蒸汽車進行霧化後直接噴入。二次燃燒室通常也裝有一到數個燃燒器，整個空間約為第一燃燒室30%～60%左右。有時也沒有若干阻擋板（baffles）配合鼓風機以提升送入之助燃空氣的攪拌能力。在法令的要求下，二次燃燒室通常須提供1100℃之溫度場以及 2 秒之氣體停留時間。

　高熱之煙道氣在流出二次燃燒室後，可以使用廢熱回收裝置以回收能源，或者經一冷卻系統（水冷或氣冷）送入空氣污染防治設備處理，常見之空污設備包括文式洗滌管配合填充塔（packed tower），離子化濕式洗煙塔（ionized wet scrubber），或者乾式洗煙塔配合濾袋集塵器。但最常見之組合是文式洗滌管負責懸浮微粒之去除以及填充塔負責酸性氣體之去除。

　底灰與飛灰則須分別收集，若採濕式洗煙，則飛灰多含在廢水中，還須進一步凝集、沈澱後進行脫水處理。灼熱減量之效果取決於廢棄物之含水量及有機性揮發物質之含量，加大旋轉窯之體積（即增大停留時間）對灼熱減量有正面之效果。

　典型之旋轉窯焚化爐之流程如圖8–1 所示，圖8–2 為三度空間之旋轉窯焚化爐之工程配置圖，請注意其廢液直接注入第二燃燒室燃燒，

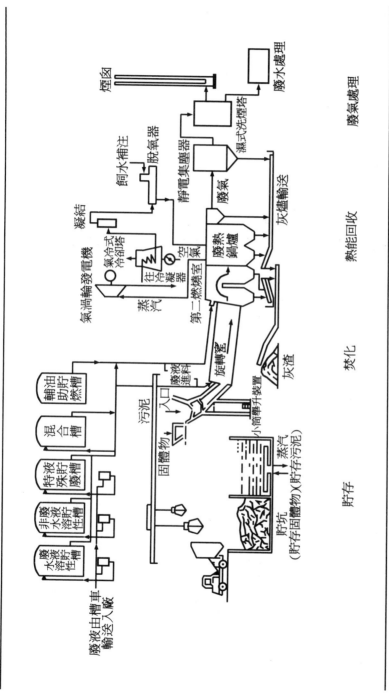

圖 8-1　典型之旋轉窯焚化爐流程

圖8-2　旋轉窯焚化爐三度空間工程配置圖

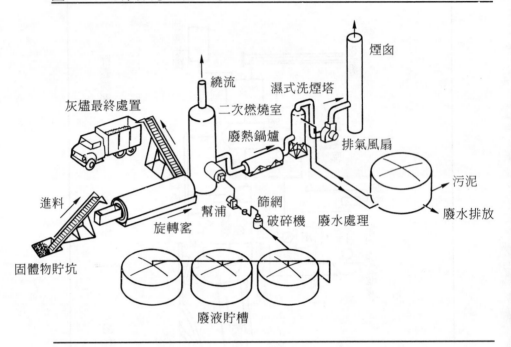

圖8-3　二次燃燒室為水平配置之轉窯或焚化爐

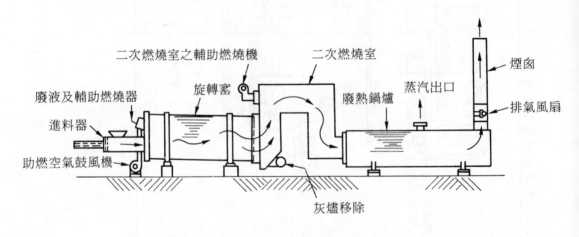

有些時候第二燃燒室亦可以設計成水平之型式。如圖 8-3 所示。此外，亦有在第一與第二燃燒室間加裝一座集灰塔，再將廢氣導入第二燃燒室，如圖 8-4 所示。

　　除了上述之分類外，還有以旋窯本身之進料方式來分辨，即所謂同向式（cocurrent）與逆向式（countercurrent），同向式代表助燃空氣、廢棄物與輔助燃油均由旋轉窯前方進入，逆向式則代表助燃空氣與輔助燃油由旋轉窯後方加入，如圖 8-5 所示。逆向式之安排可以減少燃燒室內之「冷點」（cold end），因此可增加燃燒效率。但煙氣中之懸浮微粒將會增加。逆向式之溫度分佈如圖 8-6 所示。

　　但如果在同向式之操作下，則乾燥、揮發、燃燒及後燃燒之階段性現象非常明顯，廢氣之溫度與燃燒殘灰之溫度在旋窯之尾端趨於接近。如圖 8-7 所示。

　　如果根據燃燒溫度來分，可以分成灰渣式旋轉窯焚化爐（ashing rotary kiln incinerator）或融渣式旋轉窯焚化爐（slagging rotary kiln incinerator）。前者通常在 650℃～980℃ 之間操作，而後者則在 1203℃～1430℃ 之間操作。在融渣之狀態下操作，旋窯之耐火磚及燃燒室間之接縫須特別加強設計。當桶裝廢棄物佔大多數時，即須將旋窯設計成融渣式之狀態，以達完全燃燒之效果，但融渣式旋轉窯焚化爐平時亦可操作在灰渣式之狀態。此外，若進料以批式（batch）進行，則可稱此種旋窯為振動式（rocking kiln）。

　　在燃燒器之佈署上，亦會影響到旋窯溫度之分佈，如圖 8-8，在旋窯長度較長時，可以考慮採用(b)或(c)之安排，以保持均勻之燃燒溫度。

　　總括來說，旋轉窯焚化爐之優缺點可分析如下：

優點：

(1)此焚化系統可以接受固、液、氣三相之廢棄物。

(2)此焚化系統可以在融溶狀態焚化廢棄物。

(3)此焚化系統可以接納固、液兩相混合之廢棄物。

圖8-4　第一燃燒室與第二燃燒室可能之搭配方式

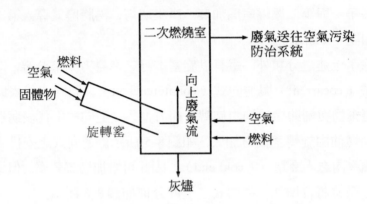

(a)具有直立型二次燃燒室之旋轉窯焚化爐

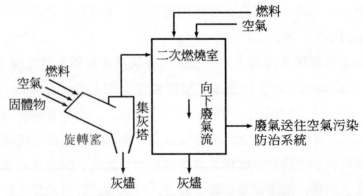

(b)具有集灰塔及直立型二次燃燒室之旋轉窯焚化爐

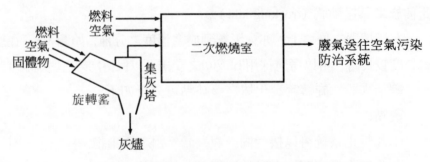

(c)具有集灰塔及水平型二次燃燒室之旋轉窯焚化爐

圖8-5　同向式逆向式之安排方式

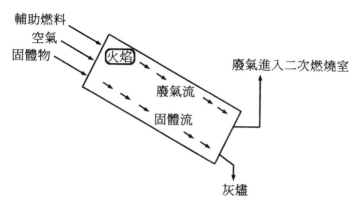

(a)同向式旋轉窯焚化爐

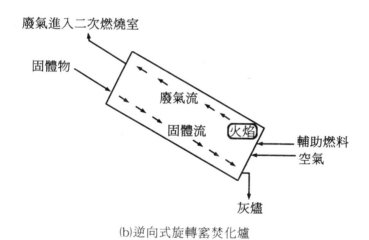

(b)逆向式旋轉窯焚化爐

(4)此焚化系統可以接納整桶裝之廢棄物。

(5)此焚化之進料系統很有彈性。

(6)由於旋轉窯配合超量空氣之運用，攪拌效果很好。

(7)連續式之出灰動作不影響焚化之進行。

(8)在旋轉窯內沒有移動之零件。

(9)此焚化系統可以搭配各種空氣污染防治設備。

圖8-6 **逆向式之溫度分佈**

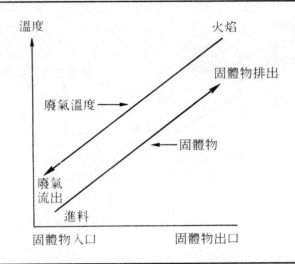

圖8-7 **同向式燃燒之階段性現象及溫度分佈**

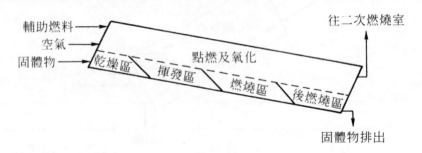

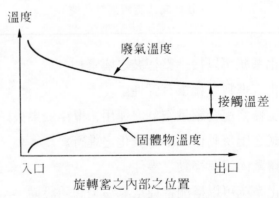

圖 8-8　旋窰燃燒器不同之佈置方式

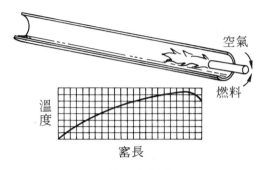

(a)基本式佈置

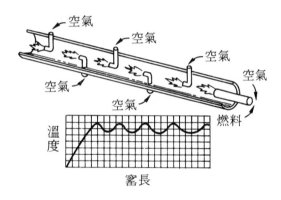

(b)軸向式佈置

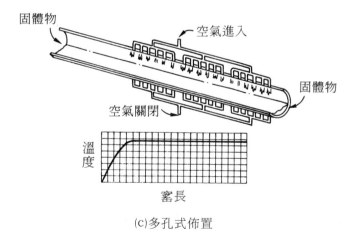

(c)多孔式佈置

(10)藉著調控旋轉窯之轉速，可以調節固體停留時間。

(11)廢棄物通常不須預熱。

(12)二次燃燒室溫室可以調控，以確毀殘餘之毒性物質。

缺點：

(1)建造成本較高。

(2)要小心操作以維護內襯之耐火磚。

(3)圓球形之廢棄物易滾出旋窯，不易完全燃燒。

(4)通常須供應較高之過剩空氣量。

(5)煙道氣之懸浮微粒較高。

(6)由於供應之過剩空氣量較高，故系統熱效率較低。

(7)在污泥烘乾及固體廢棄物融溶之過程中易形成融渣。

2.流體化床焚化爐

　　流體化床焚化爐已被廣泛應用於焚化石化業、造紙業等之工業廢棄物，若是處理固體廢棄物，則必須先破碎成小顆粒，以利反應，流體化床之燃燒原理係藉著矽砂介質之均勻傳熱與蓄熱效果以達完全燃燒，由於介質之間所能提供之孔道狹小，故無法接納較大之顆粒。助燃空氣多由底部送入，如圖8-9所示。爐膛內可分為柵格區、氣泡區、床表區及乾舷區。向上之氣流流速控制著顆粒流體化之程度（如圖8-10），有時氣流流速過大時，會造成介質被上升氣流帶入空氣污染防治系統，故可以外裝一旋風集塵器，將大顆粒之介質捕集再返送回爐膛內。廢氣進入下游之空氣污染防治系統，通常只需靜電集塵器或濾袋集塵器進行懸浮微粒即可，若欲去除酸性氣體，則可以在進料口加一些石灰粉或其他鹼性物質，則酸性氣體可以在流體化床內直接去除之。此為流體化床之另一優點。

　　流體化床之形態有五種：(1)氣泡床（bubbling bed），(2)循環床（circulating bed），(3)多重床（multistage bed），(4)噴流床（spouting bed），(5)壓力床（pressurized bed）。前兩種已經商業化。近年來亦有

圖8-9 (a)散氣板式(b)氣道式之供氣方式

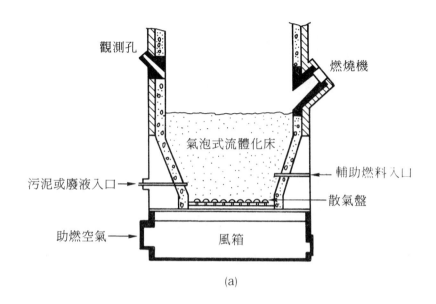

(a)

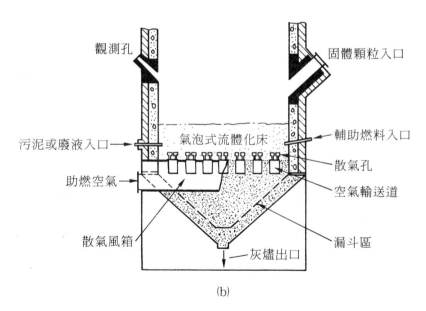

(b)

圖8-10　流體化之幾個過程

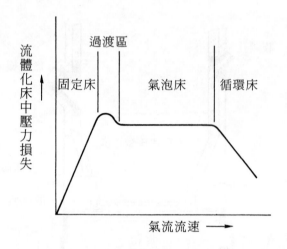

人在試驗水平式渦流床（vortex bed）和多粒子床（multi-solid bed），氣泡床及循環床之構造如圖8-11及8-12所示。在日本則推行渦流式流體化床焚化爐 (revolving type fluidized bed incinerator) 來處理一般垃圾及一般事業廢棄物，如圖8-13所示。氣泡床是將不起反應之惰性介質（如石英砂）放入反應槽底部，藉著風箱之送風（助燃空氣）及燃燒器之點火，可以將介質逐漸膨脹加溫，由於熱傳均勻，燃燒溫度可以維持在較低之溫度，也因此氮氧化物產量會較低，同時若在進料時摻入石灰粉末，則可以在焚化過程直接將酸性氣體去除，所以焚化過程也同時完成了氣體洗滌之工作。一般焚化之溫度範圍多保持在400℃～980℃，氣泡床之表象氣體流速（superficial velocity）約在1～3m/sec，但循環床之氣體流速則較大些，約在5～10m/sec左右，因此有些介質顆粒會被吹出乾舷區（free board），為了減少補充介質之數量，故可外裝一旋風集塵器，將大顆粒之介質捕集回來，介質在循環幾次之後，可能逐漸磨損，而由底灰處排出，或被帶入飛灰內，進入空氣污染防治系統，由於流體化床中之固體粒子懸浮狀態，氣、固間充分混

圖8-11　氣泡式流體化床之構造與工程系統佈置

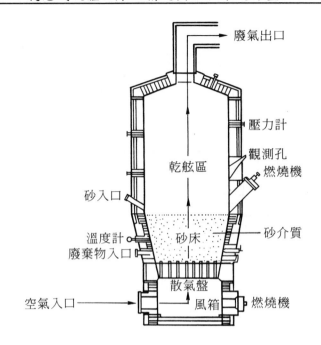

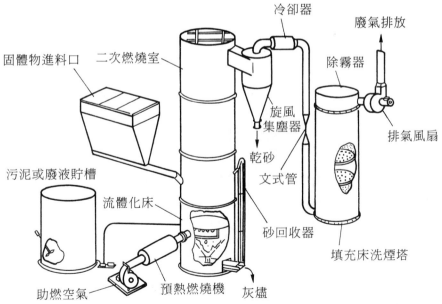

圖 8-12 循環式流體化床之構造及工程系統佈置

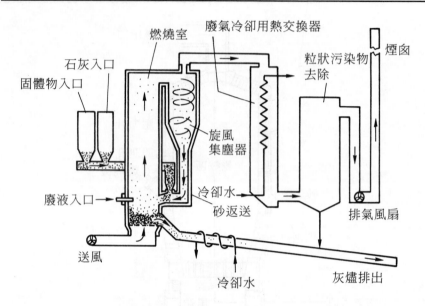

燃燒室
廢氣冷卻用熱交換器
煙囪
石灰入口
固體物入口
粒狀污染物
去除
旋風
集塵器
廢液入口
冷卻水
砂返送
送風
排氣風扇
冷卻水
灰燼排出

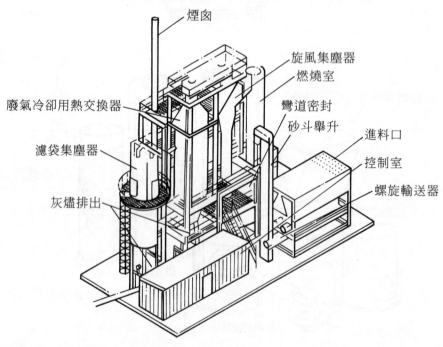

煙囪
旋風集塵器
燃燒室
廢氣冷卻用熱交換器
彎道密封
砂斗舉升
進料口
控制室
濾袋集塵器
螺旋輸送器
灰燼排出

圖8-13　日本 Ebara 之渦流式垂直循環流體化床焚化爐

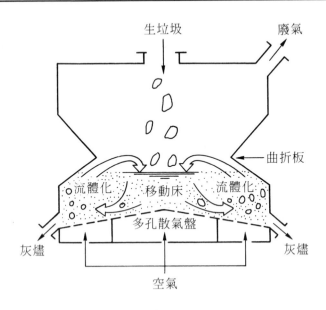

合、接觸，整個爐床燃燒段之溫度相當均勻；有些熱交換管可安裝於
氣泡區，有些則在乾舷區有些氣泡式和渦流式流體床，在底部排放區
有砂篩送機及砂循環輸送帶，可以排送較大顆粒之砂，經由一斜向之
昇管（riser）返送回爐膛內。在氣泡區亦有設置熱交換管以預熱助燃
空氣。流體化床和旋轉窯一樣，爐膛內部並無移動式零件，因此磨擦
顧慮較低，格柵區、氣泡區、床表面區提供了乾燥及燃燒之環境，有
機性揮發物質進入廢氣後在乾舷區完成後燃燒，所以乾舷區之作用有
如二次燃燒室。

　　綜合而言，氣泡式流體化床之優缺點可分列如下：

　　優點：

　　⑴可以處理多種形態之廢棄物，例如有害固體、液體廢棄物。

　　⑵在爐膛內之構造單純，沒有移動之零配件。

(3)建廠所需空間較小，因其單位體積釋熱率較高。

(4)廢氣之溫度較低且所須之超量空氣較小，因此 NO_x 濃度較低及廢氣流量較小，間接地減低了空氣污染防治設備之投資（建造成本）。

(5)能同時接受固、液混合廢棄物。

(6)焚化爐使用年限較長，維護費低。

(7)細小介質顆粒提供了廣大之燃燒面，提高了燃燒效率。

(8)對於進料不穩定或廢棄物組成有變化時之容忍度較高。

(9)對高含水率之廢棄物較易烘乾。

(10)可直接加入鹼性物質於爐內，抑制酸性氣體之發生。

(11)對於高揮發性廢棄物所產生之衝擊較能容忍。

缺點：

(1)殘灰之移出較困難。

(2)對於砂介質須經常補充維護。

(3)對於砂介質與耐火磚之間的磨損和化學反應須特別注意。

(4)在操作上有一些特殊之要求，以避免爐膛受損。

(5)操作成本上所須之電力費較高。

(6)共鎔（eutectics）之現象須注意。

在循環床流體焚化爐方面，除了具有氣泡床之優點外，尚有：

(1)攪拌能力更高，使固體廢棄物與氣流接觸機率更大。

(2)連續出灰不會影響燃燒。

除了具有氣泡床之缺點外，尚有：

(1)懸浮微粒之濃度較高，增加了後續除塵工作之負荷。

(2)建造成本較高。

(3)當溫度突變時易造成介質之結塊。

3.液注式焚化爐

液注式焚化爐係以燃燒廢液為主，爐型可以分為水平式及直立式兩種，高熱值之廢液可經由霧化噴嘴噴入爐膛內，與助燃空氣混合後

在燃燒室內燃燒。廢液之貯存、輸送、霧化及助燃空氣之注入均為燃燒成敗之關鍵，廢液之含水量、熱值、反應性及組成性均不同時，在貯存階段，要注意混合之安全性，並考慮廢液之黏度、腐蝕性、顆粒濃度等因素，若廢液之黏度過高，輸送時可以考慮以熱蒸汽協助傳輸。若固體顆粒濃度過高，則可以考慮加設過濾器。當液珠被噴入爐膛內時，噴嘴之設計應能使其與助燃空氣充分混合，當液珠被預熱、蒸發及點燃後，放出之熱可以立即被新的廢液液珠所吸收而進入其本身之燃燒過程。若廢液腐蝕性甚高，則輸送管線及爐膛均須防蝕處理。

　　廢液焚化爐之種類很多，通常黏度在 10,000 單位 (Saybolt Second Units, SSU) 以下之廢液及污泥可以順利噴入爐膛內燃燒，高熱值之廢液則較易燃燒。在早期，此型焚化爐曾廣泛地應用在摧毀各種工業廢液，其後因固液二相廢棄物同時處理的旋轉窯焚化爐逐漸興起，此型廢棄物焚化爐才逐漸減少。在 1981 年的調查中，在美國此型焚化爐佔工業廢棄物焚化爐總數之 64%，是應用最廣之一種。

　　液注式焚化爐有二種設計型態，一為水平式（如圖 8–14），另一為直立式（如圖 8–15）。直立式之液注焚化爐進料口，輔助燃燒器和助燃空氣入口有時可以設計在爐膛下方，端視程序之需求與設計者之理念而異。進料設備最特殊者為霧化噴嘴，噴嘴之形式可以分成以下五種：

　　⑴旋轉式霧化噴嘴（rotary cup atomization）

　　⑵單相流壓力式霧化噴嘴（single-fluid pressure atomization）

　　⑶雙相流低壓空氣式霧化噴嘴（two-fluid, low pressure air atomization）

　　⑷雙相流高壓空氣式霧化噴嘴（two-fluid, high pressure air atomization）

　　⑸雙相流高壓蒸氣式霧化噴嘴（two-fluid, high pressure steam atomization）

圖8-14　水平液注式焚化爐流程（VCM 工廠之廢氣與蒸汽焚化系統）

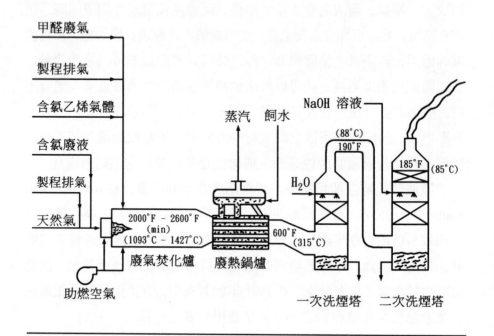

但在噴射型態上又分別：(1)外部混合式噴嘴（external mix nozzle）及(2)內部混合式噴嘴（internal mix nozzle）。前者係廢液噴出後才與空氣和輔助燃料混合，後者則提供一內部混合之小室（如圖 8-16 所示），使用蒸汽或空氣噴入此混合室中混合，然後再注入燃燒室內。在注入燃燒室時，由於速度快，一般都會產生聲波振動，以一種高頻聲波（high frequency sonic wave）輔助混合。

廢液之貯存、運送、霧化及助燃空氣注入均為燃燒成敗之關鍵，廢液之含水量、熱值、反應性及組成均不相同，在貯存階段，既要注意調勻廢液之組成及熱值，攪拌混合之設計有很多種方式，包括桶槽內設攪拌器，使用循環幫浦，以及用空氣或蒸汽輔助攪拌等。桶槽須有通氣口以利排氣，防止壓力升高，所排出之廢氣可直接送入焚化爐助

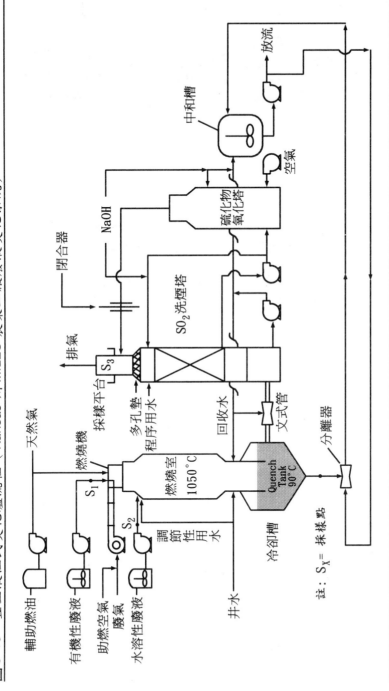

圖 8-15 直立液注式焚化爐流程（Kansas 州 MILES 農藥工廠廢液焚化系統）

圖8-16　液注式焚化爐噴嘴之機械構造形式

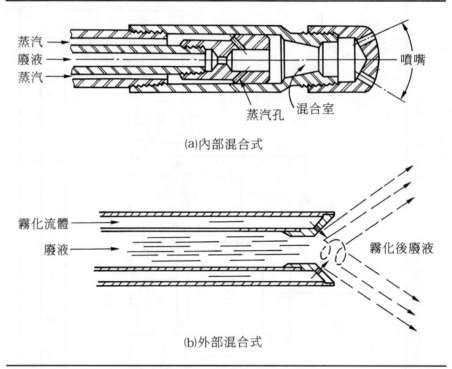

(a)內部混合式

(b)外部混合式

燃，有反應性之廢液須分開存放，不可混合。所有桶槽、管線、幫浦之
材質設計均要考慮到廢液之黏度、腐蝕性，固體顆粒之濃度等因素。
如果固體顆粒之濃度過高，則須在適當位置設置過濾器（filter）。如
果這些顆粒屬有機性物質，則須直接送到焚化爐燃燒。在輸送高黏度
之污泥、油泥及含有高濃度固體物之廢液，有些特殊設備可以使用。
對於低黏度之廢液（相當於 6 號燃油），齒輪式幫浦（gear pump）之
使用頻率最高。對於必須輸送各種不同特性廢液之系統，操作人員需
要接受較高級之訓練。在特殊情況下，幫浦之長期維修費可能太高，
系統關閉之風險性高，可能須考慮使用惰性氣體（inert gas）來輸送
廢液。隔膜式幫浦(diaphragm pump) 之適用性較其他之幫浦高。

霧化噴嘴之設計決定了輸送系統之壓力需求。機械式和水力式之噴嘴需要壓力較高，因此推送之幫浦須設置於較接近之位置，但若廢液具高黏度或高固體物含量，可能會引起幫浦結垢磨損，對霧化效果則大打折扣。為了便利輸送，有時需將廢液加熱，在加熱不足時，會產生管路固結之現象，但過度加溫時則又會產生高分子化之現象，對輸送均不利，故須小心設計。圖8-17表現了一個典型之廢液進料之貯存、攪拌及輸送系統。

圖8-17 廢液進料之系統設計流程圖

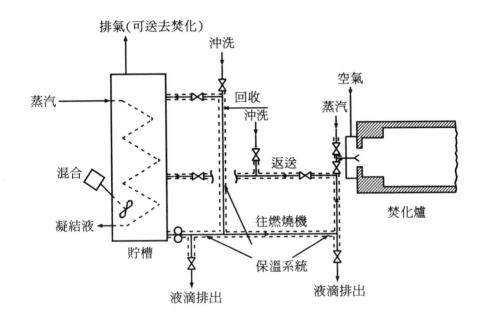

總括來說，液注式焚化爐系統之優缺點可分析如下：

優點：

(1)能接受各種不同性質之廢液。

(2)除了空氣污染防治系統之飛灰，不須設置連續式底灰出灰設備。

(3)停機時間很少。

(4)廢液進料速率調整時，燃燒溫度變化迅速。

(5)爐膛內沒有移動式配件。

(6)維護費較低。

缺點：

(1)必須能充分霧化之廢液，始有可能送入燃燒。

(2)由於廢液可能含有高含水量或低熱值之物質，輔助燃料之消耗量大。

(3)燃燒器被廢液中固形物堵塞之敏感度很高。

4.控氣式固定床焚化爐

　　控氣式固定床焚化爐簡稱控氣式焚化爐，很早即被應用於處理一般都市垃圾，又稱為模組式固定床焚化爐或模組式焚化爐，在有害事業廢棄物之處理方面，多應用於處理感染性事業廢棄物及污泥之焚化。控氣式焚化爐具有兩個燃燒室，廢棄物在第一燃燒室在助燃空氣供應不足之情況下進行氧化，在第二燃燒室將第一燃燒室所產生之廢氣再以超量助燃空氣進行高溫燃燒。第一燃燒室爐床機構採用固定床形式。每隔一段時間由下游之固定板向前推送廢棄物，再依次輪至上游，一般約有3～4個固定板，氣化產生之有機性氣體可送入二次燃燒室，在氧氣及輔助燃油充分供應之情況下進行燃燒，其構造如圖8-18及8-19所示。

　　二個燃燒室均須耐火磚襯砌，外圍覆以碳鋼，廢氣由一次燃燒室進入二次燃燒室亦有二種狀況，一為傳統之直線式進入，二為改良之切線式進入，在切線式進入之情況，可以增加廢氣之停留時間，在進料方面，有以螺旋推進器連續進料，亦有以推進臂及進料斗進行批次進料，此外亦可連續式出灰系統，以水封阻隔燃燒室與集灰坑。

　　由於一次燃燒室係採空氣不足之方式燃燒，故亂流之攪拌力不足，但廢氣是亦相對減少，同時被廢氣帶入二次燃燒之懸浮微粒亦較少。

圖8-18　控氣式焚化爐爐體構造

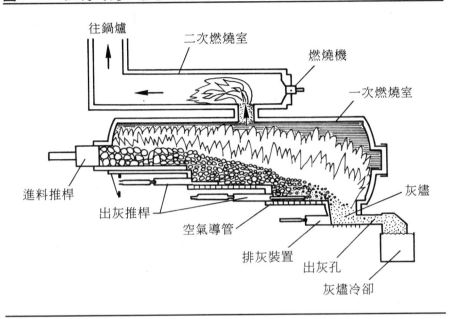

往鍋爐　二次燃燒室　燃燒機　一次燃燒室

進料推桿　出灰推桿　空氣導管　排灰裝置　出灰孔　灰燼　灰燼冷卻

圖8-19　控氣式焚化系統工程配置

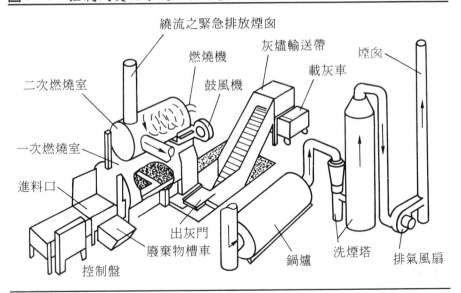

繞流之緊急排放煙囪　灰燼輸送帶　煙囪　燃燒機　載灰車　二次燃燒室　鼓風機　一次燃燒室　進料口　出灰門　廢棄物槽車　鍋爐　洗煙塔　排氣風扇　控制盤

但由於固體物燃燒不完全，其殘灰量較多，灰燼中含碳量亦高。

在操作管理方面，控氣式焚化爐在國內及國外常用來處理醫療事業廢棄物，美國很多城市之醫療廢棄物均由 BFI（Browning & Ferrous, Inc）所負責，進行代處理業之服務。其所接收到之廢棄物多半由塑膠桶裝妥或瓦楞紙箱裝妥並密封，由於受到六聯單之規定，每一個進料之桶或箱均有電腦條碼，工作人員第一件事即為檢查電腦條碼，以一掃瞄器掃瞄並輸入電腦，第二件事為檢查是否有放射性物質，若偵測器偵測出有放射性物質則退回拒收。廢棄物進廠後，不馬上處理部分則存入冷凍庫中，進行處理部分則排隊等待進料。在批次進料後，即進行焚化，一次燃燒室溫度約控制在 800℃，二次燃燒室則控制在 1000℃，階梯式固定板每隔 7 ～8 分鐘即往前推進一次，燃燒出來之飛灰則送入洗滌塔，洗滌後之廢水，因含有很多固體顆粒，則送入污水處理廠進行化學混凝沈澱後，沈澱之污泥並以脫水機脫水，會同燃燒出之底灰一併送去掩埋。

總括來說，控氣式焚化爐之優點可以整理如下：

優點：

(1)有能源回收之潛力。

(2)可以在不須大量輔助燃油之情況下進行廢棄物減量。

(3)因為使用之助燃空氣較少，故熱效率較高。

(4)減少空氣污染物之排放（例如懸浮微粒）。

(5)將有機碳氫化合物轉變為氣體，使其易於焚化。

(6)不需廢棄物前處理。

(7)建造成本較低。

缺點：

(1)因為在第一燃燒室採氧氣不足之方式燃燒，故有較高之不完全燃燒之碳氫化合物在殘灰中。

(2)由於有不完全燃燒之產物，若採連續式進料下，其產物亦附著

於爐壁，故一般均採批式進料。

　　(3)對低熱值之廢液處理效果很差。

　　(4)如果進料之特性變化很大時，焚化過程不易操控。

5.其他工業鍋爐和水泥窯爐

　　在有害廢棄物焚化技術之開發過程中，水泥窯之處理方式算是最經濟的一種，水泥窯類似旋轉窯，但比旋轉窯長很多，並有很多特色，包括：(1)水泥窯所能提供給固體或氣體之停留時間較旋轉窯長很多。(2)水泥窯因製程需要，燃燒溫度比一般旋轉窯還高。(3)有害廢棄物中有一些成分（如重金屬），對於水泥之品質有正面之幫助。(4)有害廢棄物多含有高熱值，可以節省大量之水泥煉製燃料。而一般之水泥窯若改裝成可以接納有害廢棄物之水泥窯，僅須在進料上稍做修改，不很複雜，故此種技術近年來在美國甚為流行。由於測試之數據並不多，尚未大規模商業化，已有報告顯示水泥窯可以處理廢潤滑油，其中之重金屬鉛可以被留置於水泥之中，成為惰性物質，另外美國環保署也曾在波多黎各以水泥窯試燒含氯之有毒廢棄物，效果良好。另外在加拿大多倫多一座水泥窯工廠，曾試燒過含45%PCB，12%aliphatics以及33%多環芳香烴族氯化物（chlorinated aromatics）之混合有害廢棄物，破壞去除效率高達99.986%（有機氯化合物），實際上而言，粉媒、石油焦和破碎之輪胎比起有害性廢液更難燃燒，有害性廢液只須考慮熱值、鹵素、黏度、飛灰等因素即可。此外，在歐美各國亦有利用工業鍋爐來處理有害事業廢棄物，但比例不高。

　　各種有害事業廢棄物之焚化處理設施之功能，必須達到以下之標準：

　　(1)燃燒室出口中心溫度應保持攝氏1,000度以上，燃燒氣體滯留時間，感染性事業廢棄物在1秒以上，其他有害事業廢棄物在2秒以上。

　　(2)燃燒感染性事業廢棄物者，燃燒效率應達99.9%以上。

(3)除燃燒感染性事業廢棄物外，其他有害事業廢棄物之有機氯化物總破壞去除效率達99.99%以上，多氯聯苯 (PCBs) 及 2,3,7,8 四氯戴奧辛 (2,3,7,8 PCDD)、2,3,7,8, 四氯聯苯呋喃 (2,3,7,8 PCDF) 總破壞去除效率達99.999%以上，其他毒性化學物質破壞去除效率達之99.9%以上。

(4)具有自動監測及緊急應變處理裝置。

以上所使用之破壞去除效率 (Destruction and Removal Efficiency, DRE) 係由下式來定義：

$$DRE = \frac{W_{in} - W_{out}}{W_{in}} \times 100\%$$

W_{in}： 加入焚化爐內之毒性物質質量流率。

W_{out}： 排出焚化系統之毒性物質質量流率。

此毒性物質一般須在試燒計畫 (trial burn) 中選擇與欲焚化之有害廢棄物相同毒性強度之物質。

8-5　有害事業廢棄物之最終處置

有害事業廢棄物之最終處置一般分為三種形式：

(1)土地處置

(2)掩埋處置

(3)海拋

事業廢棄物有下列情形之一者，不得以掩埋法處理或稀釋、散布於土壤：

(1)依規定應先經中間處理，而未遵行者。

(2)屬液體廢棄物。

(3)未經前處理或未符合水污染防治法對土壤處理之規定者。

事業廢棄物之掩埋場場址及設施之規定較為嚴格，一般可分為安

定掩埋場、衛生掩埋場及封閉掩埋場，可分述如下：

1.玻璃屑、陶瓷屑、建築廢棄物等無害之一般事業廢棄物得採安定掩埋法處置，其要求如下

　　(1)於入口處豎立標示牌，標示廢棄物種類、使用期限及管理人。

　　(2)於掩埋場周圍設有圍牆或障礙物。

　　(3)有地盤滑動、沈陷之虞者，應設置防止之措施。

　　(4)依掩埋廢棄物之特性及掩埋場址地形、地質設置水土保持措施。

　　(5)防止廢棄物飛散之措施。

2.一般事業廢棄物無須中間處理者，得以衛生掩埋法處理，並符合以下之規定

　　(1)於入口處豎立標示牌，標示管理人、掩埋廢棄物種類、掩埋區地理位置、範圍、深度及最終掩埋高程。

　　(2)掩埋有機性廢棄物者，應設置廢氣處理設施。

　　(3)掩埋場之底層及周圍應以透水係數低於 10^{-7} 公分／秒，並與廢棄物或其滲出液具相容性，厚度 60 公分以上之砂質或泥質黏土或其他相當之材料做為基礎，或以透水係數低於 10^{-10} 公分／秒，並與廢棄物或其滲出液具相容性，單位厚度 0.2 公分以上之人造不透水材料做為基礎。

　　(4)應有收集及處理滲出液設施。

　　(5)須於掩埋場周圍，依地下水流向，於上下游各設置一口以上監測井。

　　(6)除掩埋物屬不可燃者外，須設置滅火器或其他有效消防設備。

　　(7)衛生掩埋場於每日工作結束時，應覆蓋厚度 15 公分以上之土，並予以壓實；於終止使用時，應覆蓋厚度 50 公分以上之砂質或泥質黏土。

3.有害事業廢棄物如以封閉掩埋法處置時，應符合下列之規定

　　(1)掩埋場應有抗壓及抗震之設施。

(2)掩埋場應鋪設進場道路，其寬度為 5 公尺以上。

(3)應有防止地面水、雨水及地下水流入、滲透之設施。

(4)掩埋場之周圍及底部設施，應以具有單軸抗壓強度 245 公斤／平方公分以上，厚度 15 公分以上之混凝土或其他具有同等封閉能力之材料構築。

(5)掩埋面積每超過 50 平方公尺或掩埋容積超過 250 立方公尺者，應予間隔，其隔牆及掩埋完成面以具有單軸抗壓強度 245 公斤／平方公分、壁厚 10 公分以上之混凝土或其他具同等封閉能力之材料構築。

(6)如果不採用以上二項所敘述之混凝土阻隔設施，亦可採用以下之「三明治」式之結構。

    (a)掩埋場底層及周圍設施覆以透水係數低於 10^{-7} 公分／秒、厚度 90 公分之黏土，再覆以單位厚度 0.076 公分以上雙層人造不透水材料。

    (b)中層須覆以透水係數大於 10^{-2} 公分／秒、厚度 30 公分以上之細砂、碎石或其他同等材料並設置滲出液偵測及收集設施，再覆以透水係數低於 10^{-7} 公分／秒、厚度 30 公分之黏土層。

    (c)上層須覆以透水係數大於 10^{-2} 公分／秒、厚度 30 公分以上之細砂、砂石或其他同等材料，並設置滲出液收集設施，再覆以厚度 30 公分砂質或泥質黏土。

(7)依有害事業廢棄物之種類、特性及掩埋場土壤性質，採防蝕、防漏措施。

(8)掩埋場底層，應以透水係數低於 10^{-7} 公分／秒，並與廢棄物或其滲出液具相容性，厚度 60 公分以上之砂質或泥質黏土或其他相當之材料做為基礎，及以透水係數低於 10^{-10} 公分／秒，並與廢棄物或其滲出液具相容性，單位厚度 0.2 公分以上之人造不透水材料做為襯裡。

(9)應有收集及處理滲出液之設施。

(10)封閉掩埋場終止使用者，應先覆以厚度 15 公分砂質或泥質黏

土，再覆蓋透水係數低於 10^{-10} 公分／秒、單位厚度 0.2 公分以上之人造不透水材料及厚度 60 公分以上之砂質或泥質黏土，並予壓實。

臺灣四面環海，海拋亦是一種有害事業廢棄物處置之方案，一般事業廢棄物採海洋棄置法處理者，應由產生廢棄物之事業單位向省（市）主管機關檢具申請文件，並核轉中央主管機關核可後始能進行。但以下幾項事業廢棄物不得海拋：

(1)有害事業廢棄物及其固化處理後之固化物。

(2)不易沈澱之灰渣、礦渣、塑膠屑、橡膠屑、紙屑、木屑、纖維屑或非水溶性無機污泥。

(3)廢油。

(4)含酚類或含油分在 100 毫克／公升以上之污泥、廢酸或廢鹼。

執行海拋之單位並不得在政府公告之水產及動、植物保育區或人工魚礁區 3 浬海域內棄置。

8-6　有害事業廢棄物處理中心之規劃

在有害事業廢棄物處理處置方面，根據中興工程顧問社之推估，如表 8-2 列出了到民國 89 年時所需處理及處置的事業廢棄物種類及數量，處理之方式包括焚化處理及物化處理等流程，掩埋則包括衛生掩埋及封閉掩埋二種，在規劃上宜由區域性事業廢棄物處理中心之方式進行。

臺北縣環保局了為妥善處理各項廢棄物，已成立「垃圾場闢建及營運小組」，並在數年前已規劃了林口嘉寶地區約 400 餘公頃之土地，做為區域性事業廢棄物處理中心，目前已完成環境說明書之作業，在處理中心之內，除了各種焚化及物理化學處理外，另外擬設立資源回收專業區，目前亦已進行環境說明書之準備工作，此外，原來在大漢

表8-2　臺灣地區民國89年各規劃區域待處理處置事業廢棄物分佈情形表

單位：公噸／年

行業別 廢棄 物類別	臺 灣 地 區		北 部 地 區		中 部 地 區		南 部 地 區	
	一般事業 廢棄物	有害 廢棄物	一般事業 廢棄物	有害事業 廢棄物	一般事業 廢棄物	有害事業 廢棄物	一般事業 廢棄物	有害事業 廢棄物
塔底污泥	1,584	25,053	1,141	1,322	26	4,176	417	19,555
有機污泥	1,348,809	29,736	129,045	3,491	273,262	2,448	946,500	23,797
生物污泥	181,913	0	70,249	0	44,499	0	67,165	0
無機污泥	2,826,907	84,275	511,678	30,487	529,104	17,112	1,786,121	36,675
廢 溶 劑	0	94,909	0	59,078	0	25,461	0	10,370
廢 油	131,949	37,160	41,614	2,008	35,176	17,060	55,160	18,092
廢 液	149,328	41,078	73,607	13,486	17,039	14,750	58,681	12,842
廢 酸	79,181	174,653	6,157	19,885	2,311	20,517	70,712	134,251
廢 鹼	23,563	179,003	2,140	12,030	1,889	57,841	19,534	109,131
集 塵 灰	734,509	59,435	159,250	9,814	204,158	3,936	371,100	46,584
燃燒灰渣	57,045	7,325	106,931	55	154,119	242	309,895	7,028
礦 渣	3,941,745	191,161	107,673	79,930	64,597	90,732	3,769,471	20,499
廢 觸 媒	1,761	1,875	572	39	764	188	424	1,648
PCB 廢棄物	0	0	0	0	0	0	0	0
PCB 電容器	0	0	0	0	0	0	0	0
石 綿	405	9,063	217	3,885	112	2,472	76	2,706
化學物質	3,516	7,987	2,063	2,018	369	986	1,084	4,983
廢 塑 膠	383,440	1,860	149,182	417	149,699	705	84,558	738
廢 橡 膠	339,735	0	122,377	0	157,246	0	60,111	0
玻璃陶磁	272,629	546	180,197	142	66,090	189	26,341	215
建築 廢材 (料)	4,138,846	0	1913,932	0	1,037,655	0	1,187,259	0
金 屬	1,231,503	75,138	524,982	30,171	395,399	28,408	311,120	16,558
廢 紙	396,816	863	173,703	635	143,323	116	79,789	112
廢 木 屑	948,498	0	221,850	0	435,549	0	291,098	0
纖 維	185,292	0	88,827	0	63,505	0	32,959	0
動植物殘渣	3,324,632	0	425,717	0	1,732,991	0	1,165,918	0
其他廢棄物	1,247,040	0	299,539	0	765,179	0	166,030	0
感染性事業 廢棄物	0	38,994	0	20,714	0	7,058	0	11,222
化學性醫療 廢棄物	0	304	0	161	0	55	0	87
總 計	21,950,646	1,060,418	5,312,642	289,768	6,274,061	294,452	10,861,523	477,093

資料來源：EPA-80-H102-09-28

溪沿岸之十二處垃圾場之腐殖土（計有三重市、新莊市、汐止鎮、泰山鄉、土城市、五股鄉、三峽鎮、樹林鎮、板橋市、八里鄉、鶯歌鎮及蘆洲鄉），已開始遷移到桃園及林口交界處之下湖村地區，並擬將臺北縣電鍍及染整二種高污染性之工廠集中於林口嘉寶地區。

　　環保署已完成有關北、中、南三個地區事業廢棄物處理中心之規劃工作，由於國內在有害廢棄物處理中心方面之規劃經驗較少，因此特別在本節中列舉了歐美幾個較成功之實例，以供參考。除了在表8-3中列舉了歐洲幾個有名之有害事業廢棄物焚化廠之設置情形，本章亦特別針對德國 Dorpen 焚化廠，Kaisersesch 焚化廠，Kehl 焚化廠，以及加拿大之魁北克之 Concord Stablex 等四座有害廢棄物處理中心之規劃情形做一詳細之說明如下：

表 8-3　歐洲有害廢棄物焚化廠所在地與使用情形

場　　所	國家	廢棄物種類	處理容量(公噸/年)	焚化爐型式/數量	爐內徑(公尺)	爐長	運轉溫度(℃)(註)	廢氣處理設備	所有權	開始運轉時間
SARPE SANDOUVILLE	法國	固液、半流動體有機廢物	55,000	旋轉窯/1	4	12	900(KILN)950(PCC)	熱回收鍋爐靜電集塵器	由二十家民營公司投資	1975
TREDI　HLNBURG CENTER	法國	液體碳氫化合物，有機溶劑及流動性污泥	3,000	液體注射爐/1	—			不詳	民營八家民營生產事業-45%	1974
TREDI SAWT VULOAS CENTER	法國	固體、污染廢物，氯化有機物，廢油漆	20,000	旋轉窯/1	—	—	—	濕式洗滌塔	TREDI(民營公司)	1975
GEREP MITRRCOMPWS CENTER	法國	氯化、硫化有機廢物、塑膠粉	18,000	旋轉窯/1	—	—	—	濕式洗滌塔	GEREP CA(民營公司)	1977

名稱	國別	廢棄物種類	處理量	爐型/數			溫度	空氣污染防制	經營	年
SARP LIMA CENTER	法國	碳氫化合物溶劑及非腐蝕性有機物	15,000	液體注射爐/1	–	–	–	–	SARP工業(民營)	1975
HIM BIEBESHEIM	德國	固、液、半流動體廢物多氯聯苯、氯化有機物	60,000	旋轉窰/2	4.5	1.2 –	1300～1400(KILN) 1300～1400(PCC)	熱回收鍋爐 乾式洗滌塔 文式洗滌塔 填充式吸收塔	工業界及政府共同投資	1981
AGR HETTON	德國	固體、污染液體廢物,多氯聯苯,氯化有機物	30,000	旋轉窰/1	–	–	–	熱回收鍋爐 濕式洗滌塔	公營	1982
ZVSMM SCGWABASH	德國	液、固體、污泥(不含多氯聯苯),氯化有機物	18,000	旋轉窰/1	2.4	8.4	900(KILN) 850(PCC)	急冷室 靜電集塵器 濕式洗滌器	公營公司	1970
GSB EBENHEMSEN	德國	液、固體、污泥廢物多氯聯苯,氯化有機物	65,000	旋轉窰/2	3.6	12	1200(KILN) 1000(PCC)	靜電集塵器 濕式洗滌塔 文式洗滌塔	GSB(非營利之廢物處理公司)	1976
BASF LUDWIGSHAFEN	德國	液、固體、半固體廢物廢油、廢油漆及溶劑	15,000	旋轉窰/1	2.5	8.5	–	熱回收鍋爐	BASF化學公司	1984
CNEM MRKS HULS MARL	德國	固、半固、液體廢物、碳黑、橡膠	20,000	旋轉窰/1	3.5	10	–	熱回收鍋爐	HULS化學工廠	1966
EBS,VIENNA	奧地利	廢油,有害廢棄物、污泥	100,000	旋轉窰/2 流體化床/2	–	–	–	熱回收鍋爐 廢氣處理系統	維也納市政府	1980

KOMMUNEKEMI NYBORG	丹麥	固、液、半流動體廢物多氯聯苯、氯化有機物	70,000	旋轉窯/2	4.25	12	1200 (KILN) 950(PCC)	熱回收鍋爐乾式洗滌塔靜電集塵器	由各都市政府共同投資	1975
RIHIMAKL	芬蘭	固體、污染液體廢物,氯化有機物	35,000	旋轉窯/1	4.25	12	—	熱回收鍋爐乾式洗滌塔袋狀過濾器	中央地方政府及工業界共同投資	1985
SAKSB	瑞典	固液、半固體有機廢物（含多氯聯苯）	33,000	旋轉窯/1	4.5	12	1000~1300 (KILN) 1000(PCC)	熱回收鍋爐乾式洗滌塔靜電集塵器	政府	1984
AVR ROTTERDAM	荷蘭	有害之有機廢物	100,000	旋轉窯/2	—	—	—	熱回收鍋爐濕式洗滌塔	中央政府10%市政府45%	1985

資料來源：德國 Fitchter 工程顧問公司。
註：KLIN：旋轉窯；PCC：二次燃燒。

1.德國 Dorpen 焚化廠

　　Dorpen 焚化廠之所有權屬於德國奧登堡 Energieversor gung Weser-Ems AG（EWE），公用事業公司，此一有害事業廢棄物焚化廠之規劃係根據 1981 年到 1984 年鐵路及航運貨運單中的統計資料來預估有害廢棄物之數量，將焚化廠之設計處理容量訂為 30,000 噸／年，由於將被進行熱處理之有害廢棄物係由不同物理狀態之物品混合而成，包括有液態 7,000 噸／年、半固態 4,000 噸／年、固態 8,000 噸／年、以及筒罐／容器 11,000 噸／年，故在設計上採用可以包容各類物理狀態廢棄物之旋轉窯焚化爐，並設有廢氣處理系統，一年可運轉 7,000 小時左右，同時進行能源回收（電力或蒸汽）及灰渣處理系統。焚化爐的主要設備包括：廢棄物進料設備、旋轉窯、後燃燒室及熱回收鍋爐。系統流程描述如下：

　　⑴有害廢棄物之接收：為達成整廠在低污染之情況下運轉，以及

對廢棄物清運有效管理，須與廢棄物生產者共同合作，規劃裝置一套多功能的電腦系統，該電腦系統之主要任務係以一套精確的焚化程式規範，以及廢棄物之數量與組成來排定焚化的時程，這使得維持一種不致於違反任何排放標準的操作模式成為可能，特別是關於污染物的排放。

當有害廢棄物以特殊運輸工具被載運至廠內，在過磅後進行採樣分析，並於點檢貨運單後被送達一特別之貯存區域。針對組成分不明的廢棄物則將進行詳細的化驗分析，如有必要的話，該廢棄物將被指定送往具有高度安全性的貯存區域或乾脆被拒絕接收。除貨運單之點檢外，接收檢查還包括查驗，根據過磅結果所定之數量以及識別等，而識別檢查之結果則於電腦系統中加以建檔。有害廢棄物僅在除週末外的平常工作日中進行清運，故為確保焚化爐能夠連續運轉，必須提供適當的儲備容量。此外，在做儲備容量之適當設計時，也應確保焚化時程排定時，有害廢棄物的變動範圍，使得焚化爐得以最少之排放量及少量的補充燃料來進行操作運轉。至於貯存之規劃則說明如下：

(a)針對被歸類為組成分未定而須進行化驗研究之廢棄物而設計的高度安全性貯倉。

(b)為液態廢棄物而設計的桶槽貯倉、適合各種液態廢棄物的貯槽。

(c)為半固態廢棄物而設計的貯倉分配為若干個貯槽。

(d)為固態廢棄物而設計的貯倉，分隔若干個貯槽。

(e)為筒罐及容器而設計的貯倉。

(2)有害廢棄物之進料：進料設備係表示介於貯存區域與焚化爐之間的連接裝置，此一設備被設計為各種類型的廢棄物都能連續且均勻地（係指關於其體積和熱值而言）被飼入窯中。液態廢棄物之進料係採用燃燒器噴嘴和多種燃油燃燒器，二者皆經由旋轉窯的前端進入。半固態物質之進料則係以泥漿泵和泥漿噴嘴將其送入旋轉窯。固態廢

棄物由貯坑傳送至進料斗以抓斗操作之。筒罐與容器則分別藉由一螺旋輸送器和一筒罐抓斗之操作，並經由進料斗而被推入窯內。

(3)有害廢棄物之焚化：為遵從當前環境政策，以及有關廢棄物與污染控制之法規的限制，有害廢棄物之焚化須滿足下列之任務要求：包括有(a)有機物質無機化；(b)廢棄物體積減量；及(c)熱能之回收與再利用；更重要的則是處置的可信賴度，以及確保污染物均可完全被破壞分解，為達成此一目的而採用具有最高可信賴度的旋轉窯焚化爐，並裝置有適當的廢氣處理設備，即便是再高的排放標準都能符合其要求。

旋轉窯乃焚化爐之心臟，其長度為 12 米，直徑約 4 米，窯身微微向下方之出料端傾斜，並以耐火材料被覆之，此一耐火內襯須定期更換。送入窯內之有害廢棄物，在極為完全之旋轉混合動作的作用下，將通過旋轉窯的各個區域，在那些區域中，由於轉動的作用，所有粒子實際上都將與窯內的氧化氣體進行徹底的接觸，這也表示後燃燒（burnout）實際上已趨完全，煙氣則經由出料段被導入後燃燒室中。在後燃燒室的入口，灰渣藉由位於其下方之爐渣去除機來加以排放，當灰渣進入水浴中時，便固化成一種狀似玻璃的粒狀物質。後燃燒室的功能係在於將任何燃燒不完全的氣態成分完全焚化，這是藉由供給適量的空氣，維持高溫並確保煙氣能有足夠的滯留時間來達成的。後燃燒室的設計和燃燒器配置之選擇都要能使來自於旋轉窯的煙氣能與在後燃燒室內所產生之煙氣，以及二次和三次空氣完全地混合在一起，接著後燃燒室之後，煙氣進入了熱回收鍋爐，其蒸汽可被利用，諸如用於供給地區性的暖氣或用於發電，端視區域性的市場結構而定，而其首要目標則是滿足焚化廠本身的電力需求。

(4)廢氣處理：為了能夠符合排放標準，該廠規劃了一套多段式的廢氣處理系統，350℃的廢氣通過廢熱鍋爐來到了以噴注水而進行冷卻的噴水式冷卻塔內。根據近來的研究報告顯示，PCDD 和 PCDF 在 230℃

到 250℃的溫度範圍內最易於再形成，故採用上述方式的理由在於確保廢氣的溫度變化能儘速通過該範圍，且此一方式亦可縮短進行反應的滯留時間。接著噴水式冷卻塔之後的是一個用來分離飛灰的靜電集塵器以及一個兩段式洗滌氣塔，在第一階段絕大部分的氯化氫（HCl）以及大部分的氟化氫（HF），三氧化硫（SO_3）和二氧化氮（NO_2）氣體將被去除；在第二階段則主要是去除二氧化硫（SO_2）氣體，為了進一步去除細微顆粒和煙霧質，故採用濕式的靜電集塵器。氮氧化合物將在接下來的選擇性催化反應器（SCR）中被去除，在該反應器中，氮氧化合物在經過於某種觸媒（催化劑）之存在的狀況下與氨氣的混合之後，被轉化為氮氣和水。

(5)灰渣的處置：在有害廢棄物焚化廠與其相關設備運轉下，所產生的灰渣必須加以處置。這些灰渣包括底灰（爐渣）、飛灰及由廢氣處理系統所產生的反應生成物。爐渣送至掩埋場予以掩埋，飛灰則計劃令其於滲出重金屬，且摧毀其可能含有的任何戴奧辛與呋喃後，再予以掩埋。

2.德國 Kaisersesch 有害廢棄物焚化廠

Kaisersesch 焚化廠之所有權屬於德國 Rhineland-Palatinate 州有害廢棄物處理機構，其系統亦為一旋轉窯式焚化廠，系統流程描述如下：

(1)有害廢棄物之接收：至少有 65%的廢棄物是以鐵路運送到焚化廠待處理，廢棄物經過進廠檢查、稱重，然後運送至隔離的儲存區。固體廢棄物的儲存，不同於一般儲存坑的設計，而是儲存在一種特殊的容器中，並可直接運送到焚化廠倒入焚化爐，如此則可節省操作手續。桶狀容器均屬臨時性的放置於儲存區域，以人工操作，然而對於液狀和半乾狀態的廢棄物則提供貯槽設施，這些貯槽依不同的廢棄物種類分別放置。

(2)有害廢棄物之進料：固體廢棄物由貯存容器中經一投入斗槽直接投入旋轉窯內，貯存器則是桶槽輸送裝置送至投入斗，開啟閘門後

直接傾入窯內；液體廢棄物由桶槽儲存區以螺旋環狀管線送至旋轉窯內；半乾狀的廢棄物則由貯存區泵送至旋轉窯內。

(3)有害廢棄物之焚化：旋轉窯為焚化廠最重要的部分，是由鋼板構成，內部襯以耐火泥材料，爐體並稍稍向排出端傾斜並以爐體縱軸為中心緩慢的旋轉，由底部產生的廢氣從旋轉窯進入襯著耐火泥的後燃燒室，氣體內的有機成分在此一區域燃燒，因此，燃燒溫度必須在1200℃以上及保持 5 秒的滯留時間，所需要的燃燒溫度是利用輔助燃燒器達成，同樣的，液狀廢棄物射入後燃燒室內必須確保適當的滯留時間和高溫，使其能夠完全燃燒。在熱回收鍋爐內，熱廢氣被冷卻，其熱含量則被用來產生蒸汽，由燃燒過程中所產生的底灰（灰燼）由位於後燃燒室下方的濕式出灰器排出和收集，飛灰則是從熱回收鍋爐內以乾式廢氣處理系統方式清除。

(4)廢氣處理：廢氣處理必須是有高效率，當廢氣由鍋爐內以大約240℃溫度排出時，首先，大部分飛灰由乾式靜電集塵器清除。在後續處理階段，煙氣管道上有數個過程用以洗除殘留的污染物，在第一個步驟冷卻廢氣並分離氯化物和重金屬氣體；第二步驟，以洗滌除去二氧化硫及殘留的氯化物和氟化物。廢氣離開第二清洗段後，經過除霧器再進入冷凝器，使冷凝形成凝結顆粒並促使生成水滴，以確保下游端的濕式靜電集塵器能清除細小的微粒並分離水霧，使處理過的廢氣經誘引式抽風機送入煙囪。由廢氣清洗階段所產生的廢水，排至處理系統上的沈澱槽，並在此形成石膏和氯化鈉，此兩種物質均可回收使用。排放處理系統有二個階段，石膏分離在第一階段發生，而重金屬分離在第二階段發生，而殘餘的廢水則以蒸發處理。

3.德國 Kehl 有害廢棄物處理廠

Kehl 有害廢棄物處理廠所有權屬於德國 Baden-Wuerttemberg 州政府所有，在 1988 年開始規劃興建，其計畫處理量為 50,000 噸 / 年固體、半乾及液體有害廢棄物， 140,000 噸 / 年經蒸發處理之高濃度有機廢水

及 10,000～15,000 噸／年的特殊種類事業廢棄物（例如乳劑、光化學廢品等），有害廢棄物和固體殘留物可利用火車和道路交通作運輸。本計畫廠址位於萊茵河畔，因此可以直接利用河水以促使汽輪機冷凝器產生熱量，如此，可以增加汽輪發電機效率，進而提高發電量。主要系統流程與前述兩廠類似，故僅簡述如下：

(1)固體、半乾及液態廢棄物的臨時貯存區。兩座能處理 50,000 噸／年容量的固體、半乾及液態有害廢棄物旋轉窯。

(2)一座多線、兩段蒸發器處理廠，以熱處理從焚化廠廢氣處理系統所產生約 80,000 噸／年的製程廢水和來自廠外 60,000 噸／年的有機廢水，包括冷凝氣體的下游清除。

(3)一座物理化學處理廠，具有處理 15,000 噸／年的特殊種類事業廢棄物處理容量，特別是乳膠和光化學物廢棄品。並可經由鍋爐系統及適當的廢氣煙道、熱交換器、汽輪機等回收熱能。

(4)多段式廢氣處理系統，包括微粒的清除，吸收反應器、多段廢氣洗滌器，如果需要還包括脫硝設備以及防止戴奧辛（Dioxins）和呋喃（Furans）再結合的設備。

(5)固體殘留物處理和暫時性貯存。

4.加拿大之魁北克 Concord Stablex 有害事業廢棄物處理中心

Concord Stablex 公司所設立之有害廢棄物處理中心在加拿大之魁北克省，該中心處理之廢棄物大部分從加拿大及美國東部各地運來，接受物理化學處理，每年約可處理及處置 100,000 噸之無機性有害廢棄物，其主要成分包括氰化物、硫化物、工業污泥、重金屬等，如果從美國法令規範之角度來看，所接受之廢棄物種類為美國環保署所分類的 D002–D011， F001–F019， K001–K008 及 P010–P013 四大類廢棄物，當然如果是屬於爆炸性、可燃性及放射性之廢棄物，則將不被允許進入該廠。其系統處理流程描述如下：

(1)有害廢棄物之接收：在有害廢棄物運送槽車進中心後，採樣及

分析人員即進行採樣，通常在半日內可以得到分析結果而決定該槽車所載之廢棄物是否可以進入該中心。

　　(2)有害廢棄物之處理：有害廢棄物如為液體，則先貯存於槽中；如為固體，貯存於以混凝土間隔之地板上，然後接受六個處理程序：

　　　(a)物理處理：有些廢棄可能須物理前處理單元，如破碎、篩選等，以利其後之化學處理效率。

　　　(b)化學處理：在此單元將加入一些特殊專利藥品以利氧化處理及還原反應之進行，減低化學毒物質之流通性（mobility）。

　　　(c)溶解處理：將高溶性之物質再以特殊藥品改變其特性，使其能固結在一起。

　　　(d)穩定性處理：這些有害物質一旦被轉化成不溶性之物質而固定於化學晶格內，則可以加入固化劑。

　　　(e)固化處理：加入固化劑後，須養生三天，使其強度超過 $35kg/cm^2$，滲透度小於 $10^{-7}cm/sec$。

　　　(f)掩埋處理：一旦固化之成品穩定後，則放置於中心內之掩埋場，該掩埋場有良好之隔離及集排水設施，滲出水將抽回處理程序再利用。

8-7　結語

　　有害事業廢棄物之貯存、清除、處理及處置涉及相當龐大之專業知識，已成為我國環保施政之重點，根據環保署 80 年之調查資料，臺灣地區每年工業廢棄物產量約為 1,200 萬噸，其中約 53% 在工業區內產生，而有害廢棄物約每年產生 60 萬噸，但妥善處理率約 30%，民間之代清除處理業之發展呈現處理設施嚴重不足之現象，宜朝建立全國性之有害事業廢棄物處理中心著手，以謀求徹底解決之道。

　　綜合而言，我國事業廢棄物管理之法令雖已完備，但在民國83年到民國84年間卻連續發生了一連串之有害事業廢棄物任意傾倒之重大事件，首椿事件發生於民國83年11月19日在高雄縣大樹鄉發生了廢毒液造成民眾死傷事件，而現場陸續已挖出31桶不明廢棄物，經採樣分析檢驗出主要廢液為苯胺。民國84年3月，臺北縣三鶯橋下被人發現了約有400桶不明有害廢棄物。因此暴露了實施多年之「事業廢棄物貯存清除、處理方法及設施標準」並未發揮全面性之效果。仔細檢討問題及對策，可以歸納如下：

　　⑴收集及分類不徹底，雖然國內有數百家合法之代清除業，然而合格之代處理業不及十家，使得代清除業無法發揮既定之功能，常見之現象如醫療廢棄物進入了一般垃圾收運體系，或是事業廢棄物被任意傾倒等。

　　⑵有關焚化爐及掩埋場之工程標準，皆採美、日中最嚴格之部分，對於剛開始發展事業廢棄物清理之我國，是否適用，仍有待商榷。

　　⑶環保稽查及管制人力不足，事業單位之廢棄物排出，必須執行六聯單之填送工作，然而若未填送，環保機關亦無從查起，形成法律漏洞。

　　⑷對於違規亂倒有害廢棄物之管制法令已在廢棄物清理法中有規定，業者必須負責清除處理，違反者可處罰新臺幣六萬元以上，十五萬元以下之罰鍰，如果是有害毒物，棄置致人於死者，最重可處無期徒刑，但長期以來，此項法令並未被執行。

　　⑸綜觀當前之問題，主因在於代處理業無法茁壯，有害廢棄物處理處置設施之投資成本高，管制效果不佳時，則業者之風險太大，工程設施標準極嚴，專業性太高，土地無法取得使得無法與代清除業配合成長，因此環保署目前鼓勵各行業設置事業廢棄物共同或聯合處理設施，以取代委託代處理業，目前已有醫療院所、農藥業、石油化學工業建立了共同處理制度，皮革業及廢橡膠業等十個事業也成立了聯

合廢棄物處理體系。環保署也將配合經濟部「工業廢棄物五年處理計畫」，調查事業廢棄物之質與量，希望在民國 87 年達到有害事業廢棄物 100%妥善處理，一般事業廢棄物 50% 妥善處理，但成效如何，還有待觀察。

習　題

8-1　試說明何謂「清理計畫書」？我國那些產業需繳交清理計畫書？

8-2　試述我國事業廢棄物管理制度之架構？

8-3　試述我國有害事業廢棄物認定之方式？

8-4　試說明感染性事業廢棄物貯存之規定及清除方法？

8-5　試說明有害事業廢棄物焚化之方法及操作標準？

8-6　試述有害事業廢棄物封閉掩埋場之工程設施標準？

索 引

A

B

C

W

參考文獻

1. 張乃斌、林素貞，"台南市垃圾分類、資源回收及收運處理系統分析與檢討，"國立成功大學環境工程研究所研究報告第132號，民國八十二年五月。

2. 張祖恩、張乃斌等，"地方環保單位執行資源回收成效評估及改善方案之規劃，"環保署專題研究報告，EPA-82-M 103-09-17，民國八十二年十月。

3. 張乃斌、張祖恩、王鴻博，"台北都會區廢棄物收運處理系統規劃，"環保署專題研究報告，EPA-044-840-040，民國八十四年六月。

4. 張乃斌，"都會區垃圾收集、清運、回收、處理及處置最佳化規劃，"國科會專題研究報告，NSC-84-2211-E-006-011，民國八十四年七月。

5. 張祖恩，"廢棄物處理，"環保署環境保護人員專業訓練班講義，民國八十一年四月。

6. 張乃斌，"焚化廠設計，"課程講義，國立成功大學環境工程研究所，民國八十五年九月。

7. 章裕民，"台灣省北部地區七縣市事業廢棄物處理與處置綜合規劃，"民國八十四年六月。

8. 章裕民、王以憲，"廢棄物處理，"文京出版社，民國八十四年元月。

9. 張一岑，"有害廢棄物焚化技術，"聯經出版社，民國八十年元月。

三民科學技術叢書（一）

書名	著作人	任職
統計學	王士華	成功大學
微積分	何典恭	淡水學院
圖學	梁炳光	成功大學
物理	陳龍英	交通大學
普通化學	王澄霞、陳朝棟、洪志明	師範大學、臺灣大學、臺灣大學
普通化學	王澄霞、魏明通	師範大學
普通化學實驗	魏明通	師範大學
有機化學（上）、（下）	王澄霞、陳朝棟、洪志明	師範大學、臺灣大學、臺灣大學
有機化學	王澄霞、魏明通	師範大學
有機化學實驗	王澄霞、魏明通	師範大學
分析化學	林洪志	成功大學
分析化學	鄭華生	清華大學
環工化學	黃賢國、紀國生、吳長春、何俊杰、尤伯卿	成功大學、大仁藥專、崑山工專、高雄縣環保局
物理化學	卓靜哲、施良垣、黃守仁、蘇世剛、何文瑞	成功大學
物理化學	杜逸虹	臺灣大學
物理化	李敏達	臺灣大學
物理化學實驗	李敏達	臺灣大學
化學工業概論	王振華	成功大學
化工熱力學	鄧禮堂	大同工學院
化工熱力學	黃定加	成功大學
化工材料	陳陵援	成功大學
化工材料	朱宗正	成功大學
化工計算	陳志勇	成功大學
實驗設計與分析	周澤川	成功大學
聚合體學（高分子化學）	杜逸虹	臺灣大學
塑膠配料	李繼強	臺北技術學院
塑膠概論	李繼強	臺北技術學院
機械概論（化工機械）	謝爾昌	成功大學
工業分析	吳振成	成功大學
儀器分析	陳陵援	成功大學
工業儀器	周澤川、徐展麒	成功大學

大學專校教材，各種考試用書。

三民科學技術叢書（二）

書名	著作人	任職
工　業　儀　錶	周　澤　川	成　功　大　學
反　應　工　程	徐　念　文	臺　灣　大　學
定　量　分　析	陳　壽　南	成　功　大　學
定　性　分　析	陳　壽　南	成　功　大　學
食　品　加　工	蘇　茀　第	前臺灣大學教授
質　能　結　算	呂　銘　坤	成　功　大　學
單　元　程　序	李　敏　達	臺　灣　大　學
單　元　操　作	陳　振　揚	臺　北　技　術　學　院
單　元　操　作　題　解	陳　振　揚	臺　北　技　術　學　院
單元操作（一）、（二）、（三）	葉　和　明	淡　江　大　學
單　元　操　作　演　習	葉　和　明	淡　江　大　學
程　序　控　制	周　澤　川	成　功　大　學
自　動　程　序　控　制	周　澤　川	成　功　大　學
半　導　體　元　件　物　理	李嗣涔　管傑雄　孫台平	臺　灣　大　學
電　子　學	黃　世　杰　浩	高　雄　工　學　院
電　子　學	李　浩	
電　子　學	余　家　聲	逢　甲　大　學
電　子　學	鄧知清　李晝庭	成　功　大　學　中　原　大　學
電　子　學	傅勝光　陳利福	高　雄　工　學　院　成　功　大　學
電　子　學	王　永　和	成　功　大　學
電　子　實　習	陳　龍　英	交　通　大　學
電　子　電　路	高　正　治	中　山　大　學
電　子　電　路　（一）	陳　龍　英	交　通　大　學
電　子　材　料	吳　朗	成　功　大　學
電　子　製　圖	蔡　健　藏	臺　北　技　術　學　院
組　合　邏　輯	姚　靜　波	成　功　大　學
序　向　邏　輯	姚　靜　波	成　功　大　學
數　位　邏　輯	鄭　國　順	成　功　大　學
邏　輯　設　計　實　習	朱惠峻　康勇源	成　功　大　學　省　立　新　化　高　工
音　響　器　材	黃　貴　周	聲　寶　公　司
音　響　工　程	黃　貴　周	聲　寶　公　司
通　訊　系　統	楊　明　興	成　功　大　學
印　刷　電　路　製　作	張　奇　昌	中　山　科　學　研　究　院
電　子　計　算　機　概　論	歐　文　雄	臺　北　技　術　學　院
電　子　計　算　機	黃　本　源	成　功　大　學

大學專校教材，各種考試用書。

三民科學技術叢書（三）

書　　　　　　　　名	著作人	任　　　　　職
計　算　機　概　論	朱惠勇 黃煌嘉	成　功　大　學 臺北市立南港高工
微　算　機　應　用	王明習	成　功　大　學
電　子　計　算　機　程　式	陳澤生 吳建臺	成　功　大　學
計　算　機　程　式	余政光	中　央　大　學
計　算　機　程　式	陳　敬	成　功　大　學
電　　　工　　　學	劉濱達	成　功　大　學
電　　　工　　　學	毛齊武	成　功　大　學
電　　　機　　　學	詹益樹	清　華　大　學
電　機　機　械　（上）、（下）	黃慶連	成　功　大　學
電　機　機　械	林料總	成　功　大　學
電　機　機　械　實　習	高文進	華　夏　工　專
電　機　機　械　實　習	林偉成	成　功　大　學
電　　　磁　　　學	周達如	成　功　大　學
電　　　磁　　　學	黃廣志	中　山　大　學
電　　　磁　　　波	沈在崧	成　功　大　學
電　波　工　程	黃廣志	中　山　大　學
電　工　原　理	毛齊武	成　功　大　學
電　工　製　圖	蔡健藏	臺北技術學院
電　工　數　學	高正治	中　山　大　學
電　工　數　學	王永和	成　功　大　學
電　工　材　料	周達如	成　功　大　學
電　工　儀　錶	陳　聖	華　夏　工　專
電　工　儀　表	毛齊武	成　功　大　學
儀　　表　　學	周達如	成　功　大　學
輸　配　電　學	王　載	成　功　大　學
基　本　電　學	黃世杰	高　雄　工　學　院
基　本　電　學	毛齊武	成　功　大　學
電　路　學　（上）、（下）	王　醴	成　功　大　學
電　　　路　　　學	鄭國順	成　功　大　學
電　　　路　　　學	夏少非	成　功　大　學
電　　　路　　　學	蔡有龍	成　功　大　學
電　廠　設　備	夏少非	成　功　大　學
電　器　保　護　與　安　全	蔡健藏	臺北技術學院
網　路　分　析	李祖添 杭學鳴	交　通　大　學

大學專校教材，各種考試用書。

三民科學技術叢書（四）

書　　　　　　　　　　名	著作人	任　　　　　　職
自　　動　　控　　制	孫育義	成　功　大　學
自　　動　　控　　制	李祖添	交　通　大　學
自　　動　　控　　制	楊維楨	臺　灣　大　學
自　　動　　控　　制	李嘉猷	成　功　大　學
工　　業　　電　　子	陳文良	清　華　大　學
工　業　電　子　實　習	高正治	中　山　大　學
工　　程　　材　　料	林　立	中正理工學院
材料科學（工程材料）	王櫻茂	成　功　大　學
工　　程　　機　　械	蔡攀鰲	成　功　大　學
工　　程　　地　　質	蔡攀鰲	成　功　大　學
工　　程　　數　　學	羅錦興	成　功　大　學
工　　程　　數　　學	孫育義 高正治	成　功　大　學 中　山　大　學
工　　程　　數　　學	吳　朗	成　功　大　學
工　　程　　數　　學	蘇炎坤	成　功　大　學
熱　　　力　　　學	林大惠 侯順雄	成　功　大　學
熱　力　學　概　論	蔡旭容	臺北技術學院
熱　　　工　　　學	馬承九	成　功　大　學
熱　　　處　　　理	張天津	臺北技術學院
熱　　　機　　　學	蔡旭容	臺北技術學院
氣　壓　控　制　與　實　習	陳憲治	成　功　大　學
汽　　車　　原　　理	邱澄彬	成　功　大　學
機　械　工　作　法	馬承九	成　功　大　學
機　械　加　工　法	張天津	臺北技術學院
機　械　工　程　實　驗	蔡旭容	臺北技術學院
機　　　動　　　學	朱越生	前成功大學教授
機　　械　　材　　料	陳明豐	工業技術學院
機　　械　　設　　計	林文晃	明　志　工　專
鑽　模　與　夾　具	于敦德	臺北技術學院
鑽　模　與　夾　具	張天津	臺北技術學院
工　　具　　機	馬承九	成　功　大　學
內　　燃　　機	王仰舒	樹　德　工　專
精密量具及機件檢驗	王仰舒	樹　德　工　專
鑄　　造　　學	唱際寬	成　功　大　學
鑄造用模型製作法	于敦德	臺北技術學院
塑　性　加　工　學	林文樹	工業技術研究院

大學專校教材，各種考試用書。